土力学试验指导书

张吾渝　主编
马艳霞　蒋宁山　常立君　李积珍　副主编

中国建材工业出版社

图书在版编目（CIP）数据

土力学试验指导书/张吾渝主编．—北京：中国建材工业出版社，2016.9（2023.8重印）

ISBN 978-7-5160-1335-9

Ⅰ.①土… Ⅱ.①张… Ⅲ.①土工试验 Ⅳ.①TU41

中国版本图书馆CIP数据核字（2015）第319068号

土力学试验指导书

张吾渝 主编

马艳霞 蒋宁山 常立君 李积珍 副主编

出版发行：中国建材工业出版社

地　　址：北京市海淀区三里河路11号

邮　　编：100831

经　　销：全国各地新华书店

印　　刷：北京印刷集团有限责任公司

开　　本：787mm×1092mm 1/16

印　　张：6.25

字　　数：142千字

版　　次：2016年9月第1版

印　　次：2023年8月第7次

定　　价：25.00元

本社网址：www.jccbs.com　　微信公众号：zgjcgycbs

本书如出现印装质量问题，由我社市场营销部负责调换。联系电话：（010）57811387

前　　言

本书依据中华人民共和国住房和城乡建设部颁布的《土工试验方法标准》（GB/T 50123）、《建筑地基基础设计规范》（GB50007）、《湿陷性黄土地区建筑规范》（GB50025）等编写而成。

本书分为三部分，第 1 部分为基本试验，内容包括颗粒大小分析试验（筛析法、密度计法）、相对密度试验（比重瓶法）、含水率试验（酒精燃烧法、烘干法）、密度试验（环刀法）、界限含水率试验（液、塑限联合测定法、锥式液限仪法及滚搓法）、击实试验（轻型击实试验）、渗透试验（常水头渗透试验、变水头渗透试验）、压缩试验及直接剪切试验（快剪试验），共 9 个试验；第 2 部分为综合性试验，内容包括三轴剪切试验、固结试验及黄土湿陷试验（黄土室内浸水试验）；第 3 部分为设计性试验，本部分试验为研究生选做试验，试验内容包括固结试验、应力路径试验、非饱和土强度特性试验及动荷载作用下黄土的动强度参数测定等，研究生可结合自己参与的课题选做其中的部分试验。试验所用试验仪器主要为英国 GDS 标准应力路径试验系统、TFB-1 非饱和土应力应变控制式三轴仪、SLB-1 型应力应变控制式三轴剪切渗透仪及动三轴试验系统（DYNTTS），本部分主要介绍了仪器的基本操作方法。

本书由张吾渝主编，马艳霞、蒋宁山、常立君、李积珍副主编，李辉参与编写了部分内容，硕士研究生罗传庆、武文举、冯永珍进行校对和插图工作，特在此表示感谢！

书中不妥之处在所难免，恳请广大读者批评、指正。

编者

二〇一六年八月

目　　录

第 1 部分

基 本 试 验

第1章 颗粒大小分析试验

1-1 概 述

【试验目的】

本试验的目的是测定土中各粒组的相对含量及组成情况，绘制颗粒级配曲线，以明确颗粒大小分布情况，供判别土的种类、工程性质的优劣及选料之用。

颗粒级配曲线是以粒径的对数为横坐标，以小于某粒径的土重占总土重的百分数为纵坐标的关系曲线。由于土粒粒径相差常在百倍、千倍以上，且细小颗粒对土的工程性质影响较大，所以宜采用对数坐标表示。

【试验方法】

颗粒分析测试方法主要采用以下两种，筛析法与沉降分析法。筛析法：适用于粒径大于0.075mm的粗粒土；沉降分析法适用于粒径小于0.075mm的细粒土，包括密度计法和移管法等。

如果拟分析的土中粗、细颗粒兼有，且含量都超过10%，则需要联合使用这两种方法。

1-2 筛 析 法

【试验原理】

筛析法是将粒径0.075mm$<d\leqslant$60mm，风干、分散的代表性土样通过一套孔径不同的标准筛（例如20mm、2mm、0.5mm、0.25mm、0.1mm、0.075mm），称出留在各个筛子上的土重，即可求得各个粒组的相对含量，绘制颗粒级配曲线。

【仪器设备】

1. 粗筛：圆孔，孔径为60mm、40mm、20mm、10mm、5mm、2mm。
2. 细筛：孔径为2.0mm、1.0mm、0.5mm、0.25mm、0.1mm、0.075mm。
3. 天平：称量1000g，感量0.1g；称量200g，感量0.01g。
4. 台秤：称量5000g，感量1g。
5. 振筛机：筛析过程中应能上下震动。

6. 其它：烘箱、量筒、研钵（附带橡皮头研杆）、搅棒、瓷盒等。

【取样标准】

土样为风干松散土，筛析法取样质量应符合表 1-1-1 的规定。

表 1-1-1 取样质量

粒径尺寸（mm）	取样数量（g）
<2	100～300
<10	300～900
<20	900～2000
<40	2000～4000
≥40	4000 以上

【无黏性土的操作步骤】

1. 按表 1-1-1 规定称取试样质量，精确至 0.1g，当试样质量多于 500g 时应精确至 1g。

2. 将试样过 2mm 筛，分别称出筛上和筛下的土样质量。

3. 取 2mm 筛上试样倒入依次叠好的粗筛，2mm 筛下试样倒入依次叠好的细筛中筛析（可在振筛机上振摇 10～15min）。2mm 筛上土或筛下土占总土质量不足 10%者，可以省略粗筛或细筛筛析。

4. 按由上而下的顺序将各筛取下，称各级筛上及底盘内试样的质量，精确至 0.1g。各筛中试样质量的总和与试样总质量的差值，不得大于试样总质量的 1%。

【含黏土颗粒砂性土的操作步骤】

1. 按表 1-1-1 规定称取试样质量，置于盛有清水的瓷盒中充分搅拌，使试样的粗细颗粒分离。

2. 将试样悬液过 2mm 的筛，取筛上试样烘干称重，精确至 0.1g，并按无黏土的操作方法进行粗筛分析。

3. 用带橡皮头的研杆研磨 2mm 筛下的悬液，过 0.075mm 的筛，并将筛上试样烘干称重，精确至 0.1g，并按无黏性土的操作方法进行细筛分析。

4. 当粒径小于 0.075mm 的试样质量大于试样总质量的 10%时，应按沉降分析法测定小于 0.075mm 的颗粒组成。

【试验结果整理及分析】

1. 按试验表格（表 1-1-2）的要求记录有关数据。

2. 按下式计算筛析法小于某粒径的试样质量占试样总质量的百分比 X：

$$X=\frac{m_A}{m}\times 100\% \qquad (1\text{-}1\text{-}1)$$

式中　m_A——小于某粒径的试样质量（g）；

m——筛析时的试样总质量（g）。

3. 以粒径的对数为横坐标，以小于某粒径的土质量占总土质量的百分数为纵坐标，绘制颗粒级配曲线于图 1-1-1 中，并按式（1-1-2）、式（1-1-3）计算不均匀系数 C_u 和曲率系数 C_c。

$$C_u = \frac{d_{60}}{d_{10}} \times 100\% \tag{1-1-2}$$

$$C_c = \frac{(d_{30})^2}{d_{60} \cdot d_{10}} \times 100\% \tag{1-1-3}$$

式中　d_{60}、d_{10}、d_{30}——分别为颗粒级配曲线上纵坐标为 60%、10%、30%所对应的粒径。

表 1-1-2　颗粒分析试验表（筛析法）

试验小组：__________　　　　试验人员：__________

试验日期：__________　　　　成　　绩：__________

筛号		风干试样总质量（g）	
2mm 筛上土质量（g）		2mm 筛下土质量（g）	
筛孔孔径（mm）	累积留筛土质量（g）	小于该孔径土质量（g）	小于该孔径的土重百分数（%）

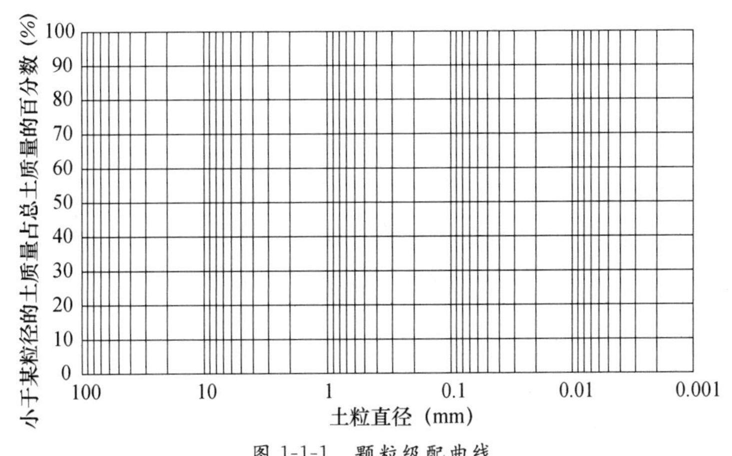

图 1-1-1　颗粒级配曲线

1-3　密度计法

【试验原理】

密度计法是将粒径 $d<0.075$mm 的土加水搅拌，煮沸冷却后加分散剂搅拌均匀，搅拌停止后土粒开始下沉，此时悬液中不同大小的土粒下沉速度快慢不一，悬液浓度也开始变化，一方面可根据 Stokes 定律计算悬液中不同大小土粒的直径，再利用特制的密度计，测得不同时刻悬液浓度的变化，换算成小于某一粒径的土占总土质量的百分数 X，即可绘制颗粒级配曲线。

土颗粒的粒径 d

根据 Stoke 定律，下沉力 F_s 和液体黏滞阻力 F_r 相等：

$$F_s=\frac{\pi d^3}{6}(\rho_s-\rho_w)g \tag{1-1-4}$$

$$F_r=\varphi\frac{\pi d^2}{4}v^2\rho_w \tag{1-1-5}$$

式中　φ——阻力系数，由试验公式 $\varphi=\frac{12}{R_e}$求得，$R_e=\frac{v}{\eta}d\rho_w$

则：

$$F_r=3\pi d\eta v \tag{1-1-6}$$

由于土粒等速下沉，其速度

$$v=\frac{L}{t} \tag{1-1-7}$$

由 $F_r=F_s$ 可得：

$$v=\frac{\rho_s-\rho_w}{18\eta}d^2 \tag{1-1-8}$$

$$d=\sqrt{\frac{18\eta}{(d_s-d_{wT})\rho_w g}\times\frac{L}{t}} \tag{1-1-9}$$

式中　d——试样颗粒粒径（mm）；

η——纯水的动力黏滞系数（10^{-6}kPa·s）；

d_s——土粒相对密度；

d_{wT}——水温为 T 时水的比重；

L——某一时间内的土粒沉降距离（cm）；

t——沉降时间（s）。

粒径含量百分比 X

小于某粒径的试样质量占试样总质量的百分比，按下列公式计算：

甲种密度计：

$$X=\frac{100}{m_d}C_G(R_m+T) \tag{1-1-10}$$

式中　T——温度校正值，查表 1-1-3；

C_G——土粒相对密度校正系数，查表 1-1-4；

R_m——密度计读数；

m_d——试验用干土质量（g）。

【仪器设备】

1. 密度计。
2. 量筒：容积为 1000mL，内径为 60mm，高度为 350±10mm，刻度为 0～1000mL。
3. 秒表、时钟。
4. 天平：称量 200g，感量 0.01 g。
5. 搅拌器：系带有多孔圆盘的搅拌棒，圆盘轮径 50mm，孔径 3mm。
6. 温度计：刻度为 0～50℃，精度为 0.5℃。
7. 煮沸设备：电热器、三角烧瓶及回流冷凝管。
8. 细筛、烘箱、玻璃棒等。

【密度计的校正】

实验室采用的密度计有甲、乙两种。甲种密度计读数表示 1000mL 悬液中所含的土粒质量的克数，乙种密度计的读数表示悬液比重。两种密度计通常均是在温度为 20℃ 时刻划的，而且土粒相对密度以 2.65 为基准。在使用密度计时，由于使用条件的变化会产生系统误差，需要进行以下校正。

有效沉降距离校正

$$L=L_1+L_0-L_2 \tag{1-1-11}$$

式中　L_1——密度计最底刻度线至液面的距离（cm）；

L_0——密度计浮泡中心至最底刻度线的距离（9.0cm）；

L_2——密度计的浮泡浸入装有悬液的量筒时，液面的升高值，可根据密度计的浮泡体积（V_b = 61.5cm^2）和量筒标尺刻度的全高，由实验室提供的“液面升高距离计算图”查取（cm）。

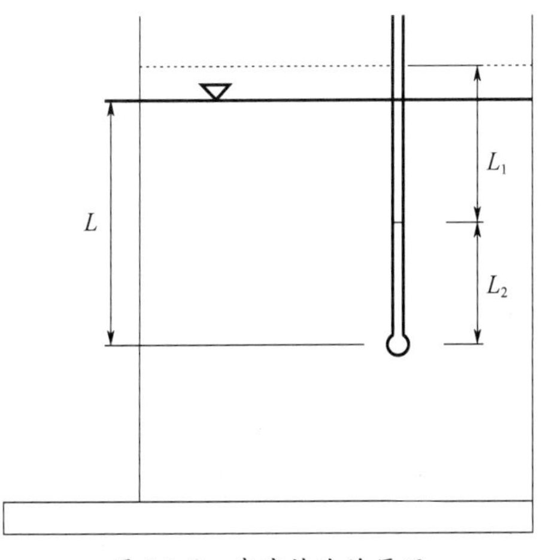

图 1-1-2　密度计法的原理

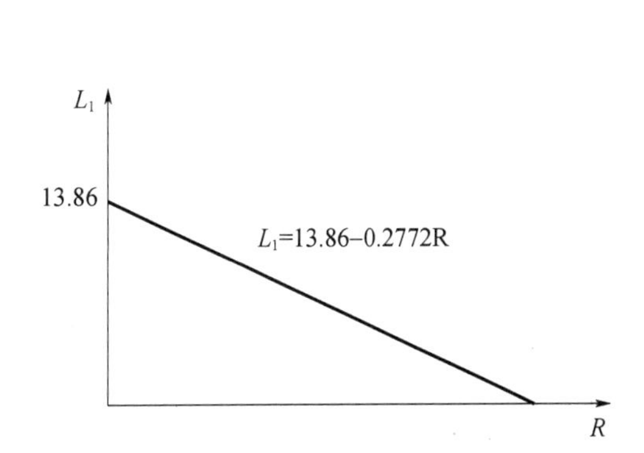

图 1-1-3　读数 R 与底刻度线距离 L_1 的对照图

温度校正

土壤密度计是20℃时刻制的，当悬液温度不等于20℃时，水的密度及密度计浮泡体积发生变化，应进行校正。校正值查表1-1-3。

表 1-1-3　温度校正值 T

悬液温度(℃)	10	11	12	13	14	15	16	17	18	19	20
校正值 T	−2.0	−1.9	−1.8	−1.6	−1.4	−1.2	−1.0	−0.8	−0.5	−0.3	0.0
悬液温度(℃)	21	22	23	24	25	26	27	28	29	30	—
校正值 T	0.3	0.6	0.9	1.3	1.7	2.1	2.5	2.9	3.3	3.7	—

土粒相对密度校正

土壤密度计刻度以土粒相对密度2.65为准。当试样的土粒相对密度不等于2.65时，应进行土粒相对密度校正。校正值查表1-1-4。

表 1-1-4　土粒相对密度校正值 C_G

土粒相对密度	2.60	2.62	2.64	2.66	2.68	2.70	2.72	2.74	2.76	2.78	2.80
校正值	1.012	1.007	1.002	0.998	0.993	0.989	0.985	0.981	0.977	0.973	0.969

或根据下式计算 C_G

$$C_G=\frac{\rho_s}{\rho_s-\rho_{w20}}\times\frac{2.65-\rho_{w20}}{2.65} \tag{1-1-12}$$

式中　$\rho_s=2.72\text{g/cm}^3$；

ρ_{w20}——水温为20℃时纯水的密度。

【试验步骤】

1. 称取粒径 $d<0.075\text{mm}$ 的风干试样30g倒入锥形瓶，注入纯水200mL，浸泡过夜。

2. 过夜后的悬液在沸煮设备上煮沸，时间为40min。

3. 悬液冷却后倒入量筒，加入4%浓度的分散剂六偏磷酸钠10mL，再注入纯水至1000mL。

4. 将搅拌器插入量筒上下搅拌1min。取出搅拌器立即开动秒表，将密度计放入悬液中，测记 $t=1$、3、5、15、30、60min的读数 R_t。密度计读数均以弯液面上缘为准，甲种密度计精确至0.5度。

5. 每次读数后，应取出密度计放入盛有纯水的量筒中，并应测定相应的悬液温度，精确至0.5℃。每次读数均应提前15s将密度计小心放入悬液中的适当深度。

【试验结果整理及分析】

1. 按试验表格（表 1-1-5）要求记录数据，填写有关内容。

2. 用公式（1-1-9）式计算粒径 d（mm）。

其中定义 $K=\sqrt{\dfrac{1800\eta}{(d_s-d_{wT})\ \rho_w g}}$ 为粒径计算系数，可根据悬液温度和土粒相对密度 d_s，由表（1-1-5）查取 $L-t$ 时间内，土粒的有效沉降距离，由式（1-1-11）计算。

3. 按公式（1-1-10）计算小于某粒径 d 的土粒百分含量 X。

4. 绘制颗粒级配曲线于图（1-1-4）中，并计算土的不均匀系数 C_u 和曲率系数 C_c。

表 1-1-5　粒径计算系数 $K=\sqrt{\dfrac{1800\eta}{(d_s-d_{wT})\ \rho_w g}}$ 值表

温度（℃）	土粒相密度								
	2.45	2.50	2.55	2.60	2.65	2.70	2.75	2.80	2.85
5	0.1385	0.1360	0.1339	0.1318	0.1298	0.1279	0.1261	0.1243	0.1226
6	0.1365	0.1342	0.1320	0.1299	0.1280	0.1261	0.1243	0.1225	0.1208
7	0.1344	0.1321	0.1300	0.1280	0.1260	0.1241	0.1224	0.1206	0.1189
8	0.1324	0.1302	0.1281	0.1260	0.1241	0.1223	0.1205	0.1188	0.1182
9	0.1305	0.1283	0.1262	0.1242	0.1224	0.1205	0.1187	0.1171	0.1164
10	0.1288	0.1267	0.1247	0.1227	0.1208	0.1189	0.1173	0.1156	0.1141
11	0.1270	0.1249	0.1229	0.1209	0.1190	0.1173	0.1156	0.1140	0.1124
12	0.1253	0.1232	0.1212	0.1193	0.1175	0.1157	0.1140	0.1124	0.1109
13	0.1253	0.1214	0.1195	0.1175	0.1158	0.1141	0.1124	0.1109	0.1094
14	0.1221	0.1200	0.1180	0.1162	0.1149	0.1127	0.1111	0.1095	0.1080
15	0.1205	0.1184	0.1165	0.1148	0.1130	0.1113	0.1096	0.1081	0.1067
16	0.1189	0.1169	0.1150	0.1132	0.1115	0.1098	0.1083	0.1067	0.1053
17	0.1173	0.1154	0.1135	0.1118	0.1100	0.1085	0.1069	0.1047	0.1039
18	0.1159	0.1140	0.1121	0.1103	0.1086	0.1071	0.1055	0.1040	0.1026
19	0.1145	0.1125	0.1108	0.1090	0.1073	0.1058	0.1031	0.1028	0.1014
20	0.1130	0.1111	0.1093	0.1075	0.1059	0.1043	0.1029	0.1014	0.1000
21	0.1118	0.1099	0.1081	0.1064	0.1043	0.1033	0.1018	0.1003	0.0990
22	0.1103	0.1085	0.1067	0.1050	0.1035	0.1019	0.1004	0.0990	0.09767
23	0.1091	0.1072	0.1055	0.1038	0.1023	0.1007	0.09930	0.09793	0.09659
24	0.1078	0.1061	0.1044	0.1028	0.1012	0.09970	0.09823	0.09600	0.09555
25	0.1065	0.1047	0.1031	0.1014	0.09990	0.09838	0.09701	0.09566	0.09434
26	0.1054	0.1035	0.1019	0.1003	0.09879	0.09731	0.09592	0.09455	0.09327
27	0.1041	0.1024	0.1007	0.09915	0.09767	0.09623	0.09482	0.09349	0.09225
28	0.1032	0.1014	0.09975	0.09818	0.09670	0.09529	0.09391	0.09257	0.09132
29	0.1019	0.1002	0.09859	0.09706	0.09555	0.09413	0.09279	0.09144	0.09028
30	0.1008	0.09910	0.09752	0.09597	0.09450	0.09311	0.09050	0.09050	0.08927

表 1-1-6　颗粒分析试验表（密度计法）

试验小组：__________　　　　　　　　　　　　试验人员：__________

试验日期：__________　　　　　　　　　　　　成　　绩：__________

下沉时间 t（min）	悬液温度 T（℃）	密度计读数 R	温度校正值 T	读数与底刻度线距离 L_1	液面升高值 L_2	土粒落距 L（cm）	粒径计算系数 K	粒径 d（mm）	相对密度校正值 C_G	小于 d 的土质量百分数（%）
1										
3										
5										
15										
30										
60										

$L_0 = 9.0\text{cm}$

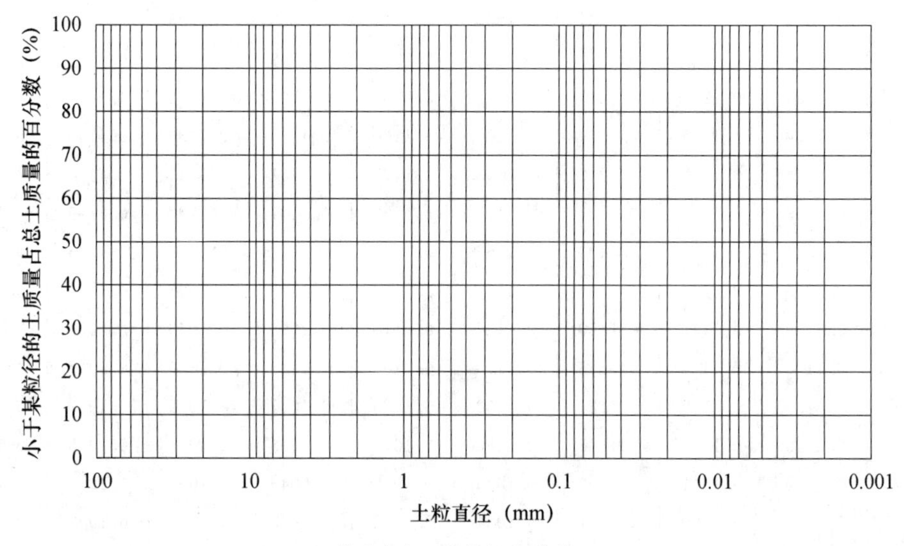

图 1-1-4　颗粒级配曲线

【试验说明】

1. 整个试验过程中，注意不要使土粒散失，不要使悬液溢出。

2. 测定悬液温度和密度计读数时，应尽量减少对悬液的扰动，密度计应保持在量筒中心位置。

3. 当试样中易溶盐含量大于 0.5%时，应洗盐。

【思考题】

1. 颗粒级配曲线的纵横坐标分别表示什么？为什么采用半对数坐标的形式？
2. 在利用振筛机或手动振筛时，因操作者失误，导致土样振出，有何补救措施？
3. 颗粒级配曲线及指标的用途是什么？
4. 密度计法进行颗粒大小分析试验的适用条件是什么？

第2章　相对密度试验（比重试验）

2-1　概　　述

【试验目的】

土粒的相对密度是指土粒的密度与同体积时4℃的纯水的密度之比，又称为土粒比重（无量纲），即 $d_s=\rho_s/\rho_w$。实际上，土粒的相对密度在数值上等于土粒密度，但物理意义不同。土粒的相对密度取决于土的矿物成分，它的数值一般为2.6～2.8，同一类的土，其土粒相对密度变化幅度很小。测定土粒的相对密度（比重）可为计算土的孔隙比、饱和度等土的物理性质指标提供必需的数据。

【试验方法】

土粒的相对密度试验根据土粒的颗粒大小可分为比重瓶法、浮称法和虹吸管法。其中比重瓶法适用于粒径小于5mm的各类土；浮称法适用于粒径大于等于5mm的土，且其中粒径大于20mm的颗粒含量小于10%；虹吸管法适用于粒径大于等于5mm的土，且其中粒径大于20mm的颗粒含量大于等于10%。

实验室采用比重瓶法测定土粒相对密度。

2-2　比重瓶法

【仪器设备】

1. 比重瓶：容积为100mL和50mL，分长颈和短颈两种。
2. 恒温水槽：精度应为±1℃。
3. 砂浴：应能调节温度。
4. 天平：称量200g，感量0.001g。
5. 温度计：刻度为0～50℃，分度值为0.5℃。

【比重瓶的校正】

1. 将比重瓶洗净、烘干，置于干燥器内，冷却后称比重瓶质量，精确至0.001g。

2. 将煮沸经冷却的纯水注入比重瓶。对长颈比重瓶注水至刻度处，对短颈比重瓶应注满纯水，塞紧瓶塞，多余水分自瓶塞毛细管中溢出，将比重瓶放入恒温水槽直至瓶内水温稳定。取出比重瓶，擦干外壁，称瓶、水总质量，精确至0.001g。并测定恒温水槽内水温，精确至0.5℃。

3. 调节数个恒温水槽内的温度，温度差宜为5℃，测定不同温度下的比重瓶、水总质量。每个温度时均应进行两次平行测定，两次测定的差值不得大于0.002g，取两次测值的平均值。绘制温度与瓶、水总质量关系曲线。

【试验步骤】

1. 将比重瓶烘干。称取烘干试样15g（当用50mL的比重瓶时称取烘干试样10g）装入比重瓶，称瓶和试样总质量，精确至0.001g。

2. 向比重瓶内注入半瓶纯水，摇动比重瓶，并放在砂浴上煮沸。悬液煮沸时间自悬液沸腾起砂性土不应少于30min；黏性土、粉土不应少于1h。

3. 悬液煮沸后应调节砂浴温度，比重瓶内悬液不得溢出。对砂性土采用真空抽气法排气，抽气时间大于1h；含有可溶盐、有机质和亲水性胶体的土必须用中性液体（煤油）代替纯水，且不能用煮沸法。

4. 将煮沸经冷却的纯水（或抽气后的中性液体）注入装有试样的比重瓶。当采用长颈瓶时注纯水至刻度处；当采用短颈瓶时应将纯水注满，塞紧瓶塞，多余水分可自瓶塞毛细管中溢出。将比重瓶置于恒温水槽内至温度稳定，且瓶内上部悬液澄清。

5. 取出比重瓶，擦干瓶外壁，称比重瓶、水、试样总质量，精确至0.001g，并应测定瓶内水的温度，精确至0.5℃。

6. 从温度与瓶、水总质量关系曲线中查得各试验温度下的比重瓶、水总质量。

【试验结果整理及分析】

1. 按试验表格（表1-2-1、表1-2-2）的要求记录有关数据，并绘制温度 T 与瓶、水总质量 m_{bw} 关系曲线。

2. 土粒的相对密度按下式计算

$$d_s=\frac{m_d}{m_{bw}+m_d-m_{bws}}\cdot d_{wt} \tag{1-2-1}$$

式中　m_d——烘干试样质量；

m_{bw}——比重瓶、水总质量（g）；

m_{bws}——比重瓶、水、土总质量（g）；

d_{wt}——T 时纯水的比重，可查物理手册，由实验室提供。

表1-2-1　土粒相对密度试验表

试验小组：________　　　　试验人员：________

试验日期：________　　　　成　　绩：________

悬液温度（℃）							
瓶、水总质量 m_{bw}	比重瓶1						
	比重瓶2						
m_{bw} 平均值							

表 1-2-2　土粒相对密度试验表

试验小组：________　　　　　　　　　　试验人员：________

试验日期：________　　　　　　　　　　成　　绩：________

比重瓶编号		
干土质量（g）		
瓶、水总质量（g）		
瓶、水试样总质量（g）		
土粒相对密度 d_s		
平均值		

【思考题】

1. 相对密度试验测试误差可能由什么原因引起的？
2. 比重瓶法测量土粒相对密度时，为何要严格控制、测量水温？
3. 为什么需测定土粒的相对密度？

第3章　含水率试验

3-1　概　　述

【试验目的】

本试验的目的是测定土的含水率。土的含水率是土中水的质量与土粒质量之比，以百分数表示。含水率 ω 是标志土湿度的一个重要物理指标。天然土层的含水率变化范围很大，它与土的种类、埋藏条件及其所处的自然地理环境有关。一般说来，同一类土当其含水率增大时其强度就会降低。

含水率试验的方法有：酒精燃烧法、烘干法等。烘干法是室内试验的标准方法，适用于黏性土、砂性土、有机质土类及冻土。酒精燃烧法适用于快速简易测定细粒土的含水率（含有机质的土除外）。

3-2　酒精燃烧法

【仪器设备】

1. 称量盒。
2. 天平。
3. 酒精：纯度95%。
4. 滴管、火柴、调土刀等。

【试验步骤】

1. 取称量盒，称盒质量。
2. 盒内装入土样（黏性土5～10g，砂土20～30g），称盒加湿土质量。
3. 用滴管将酒精注入盒内，直至出现自由液面。为使酒精在试样中充分混合均匀，可将盒底在桌面上轻轻敲击。
4. 点燃盒中酒精，到火焰熄灭为止，冷却数分钟。
5. 再重复燃烧两次。第三次熄火后，盖好盒盖，称盒加干土质量。

【试验结果整理及分析】

1. 按含水率试验表格（表1-3-1）的要求，记录数据，填写有关内容。

表 1-3-1　含水率试验表

试验小组：＿＿＿＿＿　　　　　　　　　　　　试验人员：＿＿＿＿＿
试验日期：＿＿＿＿＿　　　　　　　　　　　　成　　绩：＿＿＿＿＿

称量盒号		
盒质量（g）		
盒＋湿土质量（g）		
盒＋干土质量（g）		
水的质量（g）		
干土质量（g）		
含水率（%）		
平均含水率（%）		

2. 按下式计算含水率：

$$\omega=\frac{m_w}{m_s}\times 100\% \tag{1-3-1}$$

式中　ω——含水率（%）；

m_w——土中水的质量（g）；

m_s——干土质量（g）。

3-3　烘 干 法

【仪器设备】

1. 带盖的称量盒。
2. 天平：称量 200g，感量 0.01g。
3. 烘箱：温度为 100～105℃。
4. 干燥箱：内装干燥剂（$CaCl_2$）。

【操作步骤】

1. 取称量盒两只，称盒质量。
2. 称量盒内装入土样 15～30g，盖好盒盖，称盒加湿土质量，精确至 0.01g。
3. 打开盒盖，放入烘箱，在温度 100～105℃下烘至恒重。烘干时间一般为：黏性土、粉土不得少于 8h，砂性土不得少于 6h，对有机质含量超过 5%的土，应将温度控制在 65～70℃的恒温下烘至恒量。
4. 从烘箱中取出烘干的土样，盖上盒盖，放入干燥器内，冷却至室温。
5. 从干燥器内取出土样，称盒加干土质量，精确至 0.01g。

【试验结果整理及分析】

同酒精燃烧法。

【试验说明】

1. 使用称量盒前，要检查盒盖与盒身的号码是否一致。

2. 从烘箱中取出土样时，切勿使土暴露在空气中，以免吸回水分。

3. 本试验必须对两个试样进行平行测定，测定的差值：当含水率小于 40％时为 1％；当含水率大于、等于 40％时为 2％。取两个测值的平均值，以百分数表示。

表 1-3-2　含水率试验表（烘干法）

试验小组：__________　　　　试验人员：__________

试验日期：__________　　　　成　　绩：__________

称量盒号		
盒质量（g）		
盒＋湿土质量（g）		
盒＋干土质量（g）		
水的质量（g）		
干土质量（g）		
含水率（％）		
平均含水率（％）		

【思考题】

1. 选用两种含水率试验的依据是什么？哪种方法的试验精度更高？

2. 在利用酒精燃烧法进行试验时，为何要让酒精淹没土样？

3. 酒精燃烧法燃烧或烘干法烘干试样后，为何要静置一段时间才可以称量？

第4章　密度试验

4-1　概　　述

【试验目的】

本试验的目的是测定土的密度。土的密度是单位体积内土的的质量。天然状态下土的密度变化范围较大，一般黏性土 ρ=1.8～2.0g/cm^3，砂土 ρ=1.6～2.0g/cm^3，腐殖土 ρ=1.5～1.7g/cm^3。通过测定的土的密度可进行孔隙比、干密度等土的物理性质指标的换算。同时，该指标还用于挡土墙土压力计算、地基承载力、沉降量计算及填土压实程度的控制。

测定土的密度时试验方法主要有以下四种：环刀法，适用于一般黏性土；蜡封法，适用于易于破裂土和形状不规则的坚硬土；灌水法和灌砂法，适用于现场测定原状砂和砂质土的密度。

4-2　环 刀 法

【试验原理】

环刀法适用于较均一的可塑黏性土，试验时用一个圆环刀（刀刃向下）放在削平的原状土样面上，徐徐削去环刀外围的土，边削边压，使保持天然状态的土样压满环刀内，称得环刀内土样的质量，求得它与环刀容积之比即为密度 ρ。环刀法简单方便，是目前最常用的试验方法。

【仪器设备】

1. 环刀：内径 61.8±0.15mm 和 79.8±0.15mm，高度 20±0.016mm。
2. 天平：称量 500g，感量 0.1g；称量 200g，感量 0.01g。
3. 切土刀、钢丝锯、玻璃板、凡士林等。

【试验步骤】

1. 称取环刀质量，精确至 0.01g。
2. 削平土样（原状土或扰动土样）两端。将环刀内壁涂凡士林后，刀口向下，放在土样上。

3. 用切土刀（或钢丝锯）将土样削成略大于环刀直径的土柱。然后将环刀垂直下压，边压边削，直至土样伸出环刀 1cm 左右为止。

4. 削去环刀两端余土，修平土样。

5. 擦净环刀外壁余土，称环刀加土质量，精确至 0.01g。

【试验结果整理与分析】

1. 按试验表格（见表 1-4-1）要求，记录数据，填写有关内容。

2. 按下式计算湿密度

$$\rho=\frac{m}{V} \tag{1-4-1}$$

式中　m——湿土质量（g）；

V——环刀容积，即土样体积（cm^3）。

3. 环刀法密度试验应进行两次平行测定，取算术平均值，其平行误差不应大于 $0.03g/cm^3$。

4. 根据实验室提供的含水率，可用下式计算土的干密度

$$\rho_d=\frac{\rho}{1+\omega} \tag{1-4-2}$$

式中　ρ——土的湿密度（g/cm^3）；

ω——土的含水率（%）。

表 1-4-1　密度试验表

试验小组：__________　　　　试验人员：__________

试验日期：__________　　　　成　　绩：__________

环刀号		
环刀质量（g）		
环刀＋湿土质量（g）		
湿土质量（g）		
环刀容积（cm^3）		
湿密度（g/cm^3）		
平均密度（g/cm^3）		
含水率（%）		
干密度（g/cm^3）		

【试验说明】

1. 本试验用原状土样或击实土样进行，试验过程中，不要挤压土样，以保持其原有状态。

2. 工程实践中，将原状土取土钻用锤击的方法取出地表下 0.5m 范围内的原状土样。

【思考题】

1. 在进行环刀装样时，如何保证装入环刀的土样体积恰为环刀的体积？
2. 如果在试验中不小心将环刀内土样带出，应该如何处理？
3. 环刀法测定土样密度时，如何制备原状土样？

第5章 界限含水率试验

5-1 概 述

【试验目的】

本试验的目的是测定黏性土的液限和塑限，计算出土的塑性指数，以确定土名，并可根据土的天然含水率计算出土的液性指数，用以确定土的稠度状态。

同一种黏性土随其含水率的不同，而呈现出的固态、半固态、可塑状态及流动状态称为稠度状态。黏性土由一种状态转到另一种状态的分界含水率，称为界限含水率。

液限 ω_L 是流动状态与可塑状态的界限含水率，也叫塑性上限或流限。塑限 ω_p 是可塑状态与半固态的界限含水率，也叫塑性下限。

【试验方法】

塑限的测定方法为滚搓法；液限通常采用锥式液限仪法或碟式液限仪法进行测定。实验室也可采用液塑限联合测定仪进行测定，此试验方法适用于粒径小于 0.5mm，且有机质含量不大于试样总质量 5％的土。

5-2 液、塑限联合测定法

【试验原理】

以锥面极限剪应力 τ 与圆锥下沉深度 h 的关系，及重塑土无侧限强度 q_u 与土样含水率 ω 的关系，可推导出以含水率为横坐标，圆锥下沉深度为纵坐标的双对数关系曲线，在直线上查得圆锥入土深度为 17mm［水利规范《土工试验方法标准》（GB/T 50123—1999）］或 10mm［《建筑地基基础设计规范》（GB 50007—2011）］处相应含水率即为液限，入土深度为 2mm 处的相应含水率即为塑限。图 1-5-1 为圆锥示意图。

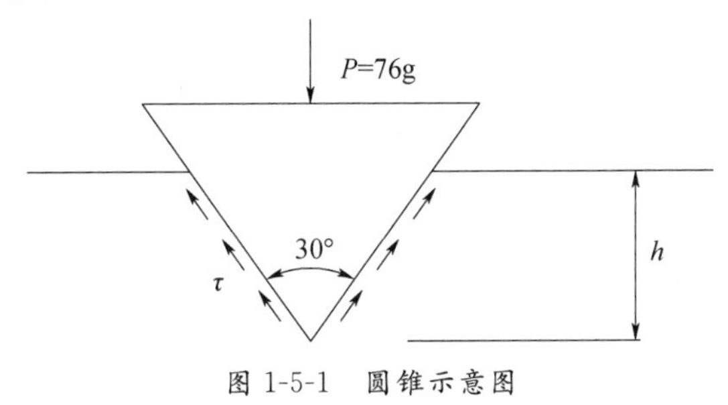

图 1-5-1 圆锥示意图

已知锥质量为76g，锥角为30°，

锥面极限剪应力

$$\tau=\frac{P\cos\alpha}{A} \tag{1-5-1}$$

$$A=\frac{\pi h^2 \mathrm{tg}\frac{\alpha}{2}}{\cos\frac{\alpha}{2}} \tag{1-5-2}$$

则：

$$\tau=\Omega\times\frac{P}{h^2} \tag{1-5-3}$$

由公式（1-5-3）可得：

$$\log\tau=C_1-2\log h \tag{1-5-4}$$

在对数坐标中为一直线，如图1-5-2所示。

根据试验可得：重塑土无侧限强度 q_u 与含水率 ω 在双对数坐标上也是一条直线，见图1-5-3。

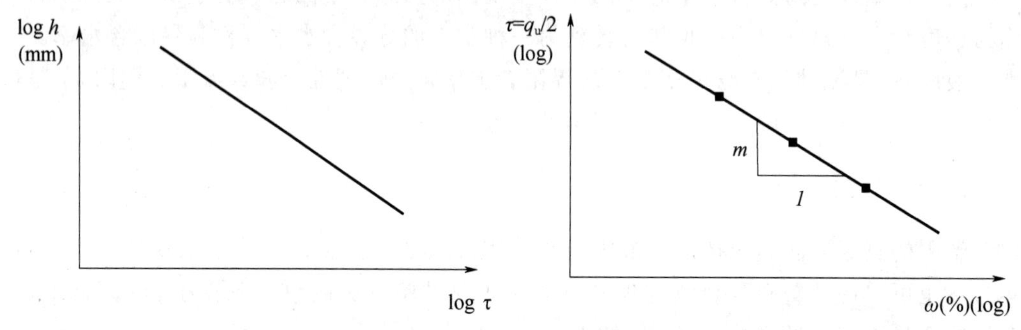

图1-5-2 锥面极限剪应力与圆锥下沉深度关系　　图1-5-3 无侧限强度 q_u 与含水率的关系

即

$$\log\tau=C_2-m\log\omega \tag{1-5-5}$$

式（1-5-4）、式（1-5-5）合并后，

$$\log h=\frac{m}{2}\log\omega+(C_1-C_2) \tag{1-5-6}$$

可得土样含水率与圆锥下沉深度的关系，见图1-5-4。

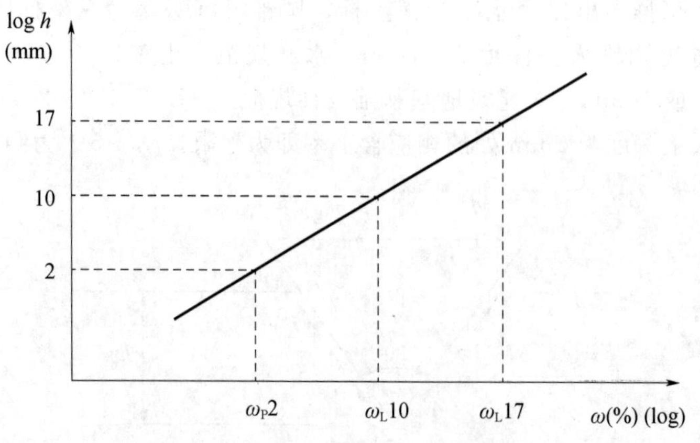

图1-5-4 含水率与圆锥下沉深度的关系

【仪器设备】

1. 液、塑限联合测定仪（图 1-5-5）：锥质量为 76g，锥角为 30°，读数显示形式为光电式。

2. 天平：称量 200g，感量 0.01g。

3. 秒表。

4. 称量盒。

5. 调土杯、调土刀。

6. 烘箱。

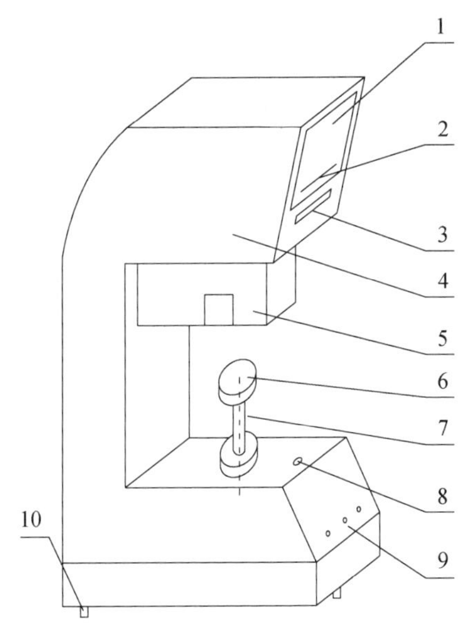

图 1-5-5　液塑限联合测定仪

1—投影仪；2—零位线；3—微调旋钮；4—上罩；5—下罩；6—工作台；7—升降旋钮；8—水准器；9—操作按钮；10—调节螺栓

【试验步骤】

1. 本试验宜采用天然含水率试样，当土样不均匀时，采用风干试样，当土样中含有粒径大于 0.5mm 的土粒和杂物时，应过 0.5mm 筛。当采用天然含水率试样时，取代表性土样 250g；采用风干试样时，取 0.5mm 筛下土 200g，将试样放在橡皮板上用纯水调成均匀膏状，放入调土皿，浸润过夜。

2. 调土杯中的土膏，用调土工具充分搅拌均匀，密实地填入试杯中，高出试杯口的余土，用刮刀刮平，随即将试杯放在升降底座上。

3. 取圆锥仪，在锥体上涂一薄层凡士林，接通电源，使电磁铁吸稳圆锥仪。转动升降座，待试杯上升至土面刚好与圆锥仪锥尖相接触。调节屏幕准线，使初始读数为零位刻线，电磁铁失磁，圆锥仪在自重下沉入土内，读数灯显示后测读圆锥入土深度。取出试样杯，挖去锥尖入土处的凡士林，取锥体附近的试样不少于10g，测定其含水率。

4. 将全部试样再加水或吹干并调匀，重复以上步骤2～3，测试另外两点的土膏的圆锥入土深度和含水率。液塑限联合测定应不少于三点（圆锥入土深度宜为3～4mm，7～9mm，15～17mm）。

5. 将三种含水率与相应圆锥入土深度数据绘于双对数坐标纸上，三点应接近一直线，如图1-5-5所示A线，当三点不在一直线上时，通过高含水率的点和其余两点连成两条直线，在下沉深度为2mm处查得相应的2个含水率，当两个含水率差值小于2%时，应以该两点含水率的平均值与高含水率的点连一直线，如图1-5-5所示B线。当两个含水率的差值大于、等于2%时，应重做试验。

6. 在图1-5-6中，查得下沉深度为17mm所对应的含水率为17mm液限ω_L^{17}，查得下沉深度为10mm所对应的含水率为10mm液限(ω_L^{10})，查得下沉深度为2mm所对应的含水率为塑限(ω_p^2)。

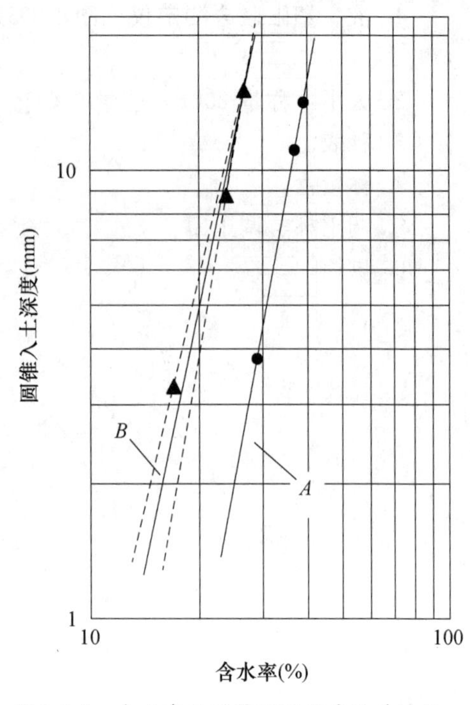

图1-5-6　含水率与圆锥下沉深度的关系图

【试验结果整理及分析】

1. 按试验表格（表1-5-1）要求，记录数据，填写有关内容。

表1-5-1　液、塑限试验表

试验小组：＿＿＿＿＿　　试验人员：＿＿＿＿＿

试验日期：＿＿＿＿＿　　成　　绩：＿＿＿＿＿

盒号	盒＋湿土质量(g)	盒＋干土质量(g)	盒质量(g)	水质量(g)	干土质量(g)	含水率(%)	平均含水率(%)	下沉深度h(mm)	液限(%)	塑限(%)	塑性指数I_p	土的名称(按I_p分类)	稠度状态(按I_L分类)

2. 以含水率为横坐标，圆锥下沉深度（mm）为纵坐标，在双对数坐标纸上绘制关系曲线，要求同图1-5-7。

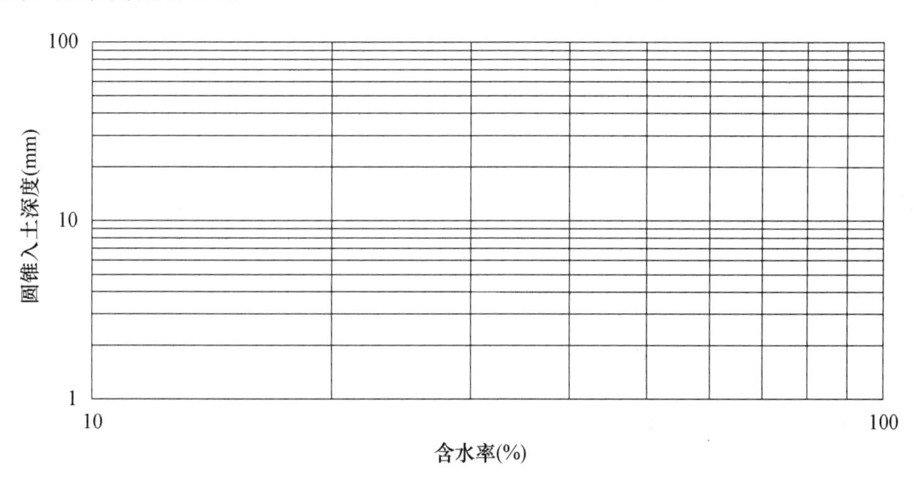

图1-5-7 含水率与圆锥下沉深度的关系曲线

3. 塑性指数应按下式计算

$$I_P=\omega_L-\omega_P \tag{1-5-7}$$

式中 I_p——塑性指数；

ω_L——液限含水率（%）；

ω_P——塑限含水率（%）。

4. 土的名称按下表确定

表1-5-2 黏性土按塑性指数分类

土的名称	粉质黏土	黏土
塑性指数	$10<I_p\leqslant17$	$I_p>17$

5. 按下式计算液性指数

$$I_L=\frac{\omega-\omega_p}{I_p} \tag{1-5-8}$$

式中 ω——土的天然含水率；

I_p——塑性指数，见公式（1-5-7）。

6. 土的稠度状态按下表确定

表1-5-3 黏性土软硬状态的划分

状态	坚硬	硬塑	可塑	软塑	流塑
液性指数	$I_L\leqslant0$	$0<I_L\leqslant0.25$	$0.25<I_L\leqslant0.75$	$0.75<I_L\leqslant1.0$	$I_L>1.0$

5-3 锥式液限仪法及滚搓法

【试验原理】

1. 锥式液限仪法原理

我国目前采用锥式液限仪（图 1-5-8）来测定黏性土的液限 ω_L。试验时将调成均匀浓糊状试样装满盛土杯内（盛土杯置于底座上），刮平杯口表面，将 76g 重圆锥体轻放在试样表面的中心，使其在自重作用下徐徐沉入试样，若圆锥体经 15s 恰好沉入 10mm 深度，这时杯内土样的含水率就是液限 ω_L 值。

2. 滚搓法原理

也称“搓条法”。试验时用双手将制备好的土样放在毛玻璃板上用手掌慢慢搓滚成小土条，若土条搓到直径为 3mm 时恰好开始断裂为 2～3cm 的小段，此时断裂土条的含水率就是塑限 ω_p 值。

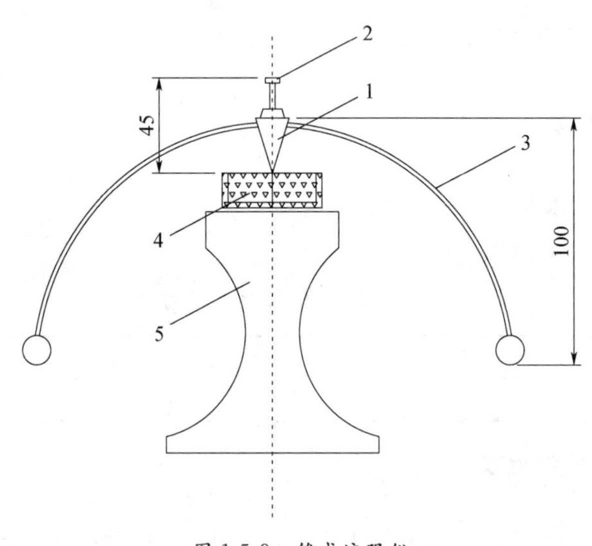

图 1-5-8 锥式液限仪

1—锥身；2—手柄；3—平衡装置；4—盛土杯；5—底座

【仪器设备】

1. 锥式液限仪。
2. 毛玻璃板：尺寸宜为 200mm×300mm。
3. 秒表。
4. 天平：称量 200g，感量 0.01g。
5. 烘箱。
6. 其它：称量盒、调土杯、调土刀、孔径 0.5mm 筛、直径 3mm 铁丝或卡尺、凡士林、蒸馏水等。

【锥式液限仪法试验步骤】

1. 取具有代表性，并保持天然含水率的试样200g，剔除大于0.5mm的颗粒，放入调土杯内。加蒸馏水浸润，调至接近液限（浓糊状），用玻璃或湿布覆盖，静置过夜。如天然土的含水率较高或接近于液限时，可不静置。

2. 用调土刀把试样调拌均匀，分数次密实地填入试样杯中。装填时，需注意试样杯内不得留有空隙。然后刮平土面，将试样杯放在底座上。

3. 将液限仪锥尖擦干净并涂抹一薄层凡士林。两指捏住圆锥仪的手柄，保持锥体垂直，放在试样的中部。当锥尖与试样表面接触时，缓缓放手。

4. 锥体在自重作用下，沉下土中。若经15s锥体入土深度恰好为10mm，土样的含水率即为液限。否则，需调整土样含水率，重新试验。

5. 用小刀挖去沾有凡士林的土，取锥体附近的土约15g，放入称量盒内，按烘干法或酒精燃烧法测定其含水率即为液限。

【滚搓法试验步骤】

1. 取0.5mm筛下土的土约100g，放在盛土皿中加纯水调匀，湿润过夜。

2. 将制备好的试样在手中揉捏至不粘，放在毛玻璃板上，压成厚度约6mm的土饼，用调土刀将土饼切成宽约6mm的土条。

3. 用手掌在毛玻璃板上轻轻滚搓土条，用力要均匀，不得使土条无力滚搓，土条不得有空心现象。土条长度不宜大于手掌宽度。

4. 当土条搓成3mm时（与3mm铁丝相比较或用卡尺量测）产生裂缝，并开始断裂成2～3cm的小段，表示试样的含水率达到塑限含水率。否则，需调整土样含水率，重新试验。

5. 取直径3mm有裂缝的土条3～5g，用烘干法或酒精燃烧法测定其含水率即为塑限。

【试验数据整理及分析】

1. 按试验表格（表1-5-4）要求，记录试验数据，填写有关内容。

2. 按下式计算液限ω_L和塑限ω_p

$$\omega_L \ (\omega_P) = \frac{m_w}{m_s} \times 100\% \qquad (1\text{-}5\text{-}9)$$

式中　m_w——水质量（g）；

m_s——干土质量（g）。

3. 本试验需进行两次平行测定，取其算术平均值。两次测定的差值，当含水率＜40%时，不得大于1%；当含水率≥40%时，不得大于2%。

4. 按表1-5-2和表1-5-3确定土名和土的软硬状态。

表 1-5-4　液、塑限试验结果记录表

试验小组：________　　　　试验人员：________

试验日期：________　　　　成　　绩：________

<table>
<tr><th colspan="2">状态
项目</th><th colspan="2">液限</th><th colspan="2">塑限</th></tr>
<tr><td colspan="2">盒号</td><td></td><td></td><td></td><td></td></tr>
<tr><td colspan="2">盒质量（g）</td><td></td><td></td><td></td><td></td></tr>
<tr><td colspan="2">盒＋湿土质量（g）</td><td></td><td></td><td></td><td></td></tr>
<tr><td colspan="2">盒＋干土质量（g）</td><td></td><td></td><td></td><td></td></tr>
<tr><td colspan="2">水质量（g）</td><td></td><td></td><td></td><td></td></tr>
<tr><td colspan="2">干土质量（g）</td><td></td><td></td><td></td><td></td></tr>
<tr><td colspan="2">含水率（%）</td><td></td><td></td><td></td><td></td></tr>
<tr><td colspan="2">平均含水率（%）</td><td colspan="2"></td><td colspan="2"></td></tr>
<tr><td>塑性指数</td><td></td><td>天然含水率</td><td></td><td>液性指数</td><td></td></tr>
<tr><td>土的名称</td><td colspan="2"></td><td>土的状态</td><td colspan="2"></td></tr>
</table>

【试验说明】

1. 液限试验中，将锥体沉入土样时，锥尖不得高于土样表面，放手不能过快。

2. 计算塑性指数和液性指数时，液限、塑限和天然含水率，均以百分数的绝对值（即省去%）代入。

【思考题】

1. 在利用液塑限联合测定仪测定液、塑限时，为何要往圆锥上涂抹凡士林？
2. 为什么圆锥入土深度宜为 3～4mm，7～9mm，15～17mm？
3. 黏性土的界限含水率有哪些？如何测定？
4. 界限含水率试验时土样为何要浸润过夜？

第6章　击实试验

6-1　概　　述

【试验目的】

击实试验通过击实仪对土击实后测定土的最大干密度 $\rho_{d\max}$ 和最优含水率 ω_{op}，以了解土的压实性质，为控制填土地基、路堤及土坝的密实度及质量控制提供依据，以保证工程质量。

击实试验一般分为轻型击实试验和重型击实试验。轻型击实试验适用于粒径小于5mm的黏性土；重型击实试验适用于粒径不大于20mm的土。采用三层击实时，最大粒径不大于40mm。

当试样中的粒径大于5mm的土质量小于或等于试样总质量的30%时，应对最优含水率和最大干密度进行校正。

实验室采用轻型击实试验。

6-2　轻型击实试验

【试验原理】

试验时将同一种土，配制成若干份不同含水率的试样，用同样的压实功能分别对每一份试样进行击实，然后测定各试样击实后的含水率 ω 和干密度 ρ_d，绘制压实曲线。

【仪器设备】

1. 击实仪：由击实筒和击锤组成（图1-6-1）。

2. 试样推出器：宜采用螺旋式千斤顶或液压千斤顶，如无此类装置，也可用刮刀或修土刀从击实桶中取出试样。实验室所采用仪器为螺旋式千斤顶。

3. 天平：称量200g，感量0.01g。

4. 台称：称量10kg，感量1g。

5. 筛：孔径为5mm。

6. 其它：喷壶、削土刀、盛土容器、碎土设备、保湿设备、称量盒。

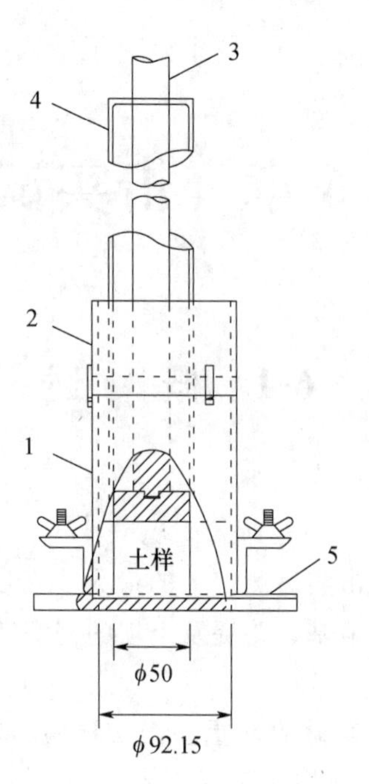

图 1-6-1　击实仪（单位：m）

1—击实筒；2—护筒 3—导筒；4—击锤；5—底板

【试验步骤】

1. 取代表性土样 20kg，风干碾碎，过 5mm 的筛。将筛下土样拌匀，并测定土样的风干含水率。

2. 根据土的塑限（由实验室提供）预估最优含水率，预选五个含水率，相邻两个含水率的差值为 2%，其中，有两个大于塑限，两个小于塑限，一个接近塑限。

3. 按预定含水率制备击实试样。每次称取土样约 2.5kg 平铺于搪瓷盆内，将计算所需的加水量均匀喷洒于土样上后装入盛土容器内盖紧，润湿一昼夜，砂性土的润湿时间可酌减，但不少于 12h。

制备试样所需的加水量，应按下式计算

$$m_w = \frac{m}{1+\omega_0}(\omega_1 - \omega_0) \tag{1-6-1}$$

式中　m_w——制样所需的加水量（g）；

m——含水率为 ω_0 时的试样质量（g）；

ω_0——试样的原有含水率（%）；

ω_1——试样要求的含水率（%）。

4. 将击实筒置于平整的地面上，装好护筒，在击实筒内壁涂一薄层润滑油，分三层击实试样。称取制备好的试样 600～800g 倒入筒内（使击实后的试样略高于筒高的 1/3），整平表面，用圆木板稍加压紧，然后用击锤按 25 击进行击实。击实时，提起击锤与导筒顶接触后使其自由铅直落下，每次击实后应挪动击锤，使锤迹均匀分布于土面。然后安装护筒，将土面弄毛，重复上述步骤进行第二层、第三层击实。击实后，超出击实筒顶的试样高度应小于6mm。

注：不同生产厂家的击实仪对每层击实次数的要求不同，需参照仪器说明书。

5. 拆去护筒，用力修平击实筒顶部的试样，拆除底板，试样底部若超出筒外，也应修平，擦净筒外壁，称筒和试样的总质量，精确至1g，并计算试样的湿密度。

6. 用推土器将试样从筒中推出，从试样中心处取两个试样（各15～30g），测定其含水率，两个含水率的差值不得大于1%。

7. 对不同含水率的试样依次进行击实试验。

【试验结果整理及分析】

1. 按试验表1-6-1要求记录有关数据。

2. 按下式计算含水率

$$\omega=\frac{m_w}{m_s}\times 100\% \tag{1-6-2}$$

式中　ω——含水率（%）；

m_w——土中水的质量（g）；

m_s——干土质量（g）。

3. 按下式计算干密度

$$\rho_d=\frac{\rho}{1+\omega} \tag{1-6-3}$$

式中　ρ_d——试样击实后的干密度（g/cm^3）；

ω——试样击实后的含水率（%）；

ρ——试样的湿密度（g/cm^3）。

4. 以含水率ω为横坐标，干密度ρ_d为纵坐标，绘制压实曲线（图1-6-2）。曲线上峰值点的横坐标为最优含水率，纵坐标为最大干密度。当关系曲线不能绘出峰值点时，应进行补点，土样不宜重复使用。

表1-6-1　击实试验结果记录表

试验小组：__________　　　　试验人员：__________

试验日期：__________　　　　成　　绩：__________

试样编号			1	2	3	4	5
干密度	筒容积	cm^3					
	筒质量	g					
	筒+土质量	g					
	湿土质量	g					
	湿密度	g/cm^3					
	干密度	g/cm^3					

续表

试样编号			1		2		3		4		5	
含水率	盒号	—										
	盒质量	g										
	盒＋湿土质量	g										
	盒＋干土质量	g										
	水质量	g										
	干土质量	g										
	含水率	%										
	平均含水率	%										

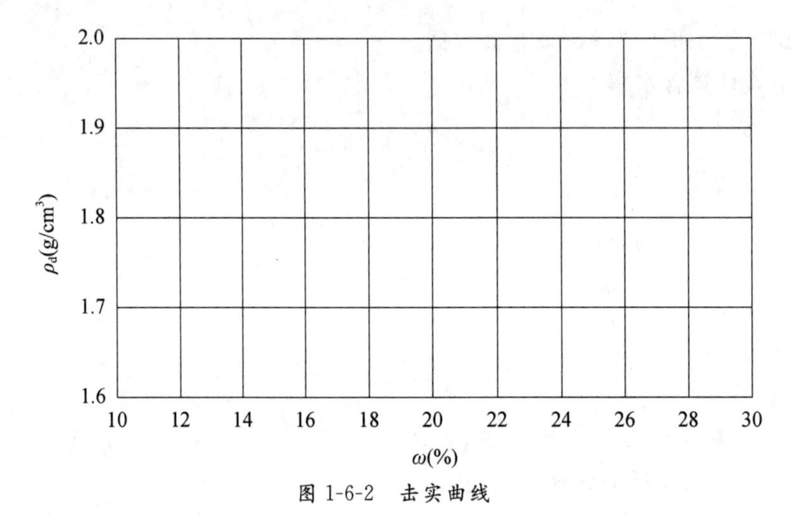

图 1-6-2 击实曲线

最大干密度（g/cm³）	
最优含水量（%）	

【思考题】

1. 重型击实试验与轻型击实试验的适用范围各是什么?
2. 试样中有超尺寸颗粒，对试验结果有何影响?
3. 如何保证击实试验击锤的压实功?
4. 在试验前应该预配土样含水率，如何保证土样的含水率均匀?

第 7 章　渗透试验

7-1　概　　述

【试验目的】

本试验的目的是为了测定水透过土中孔隙难易程度的指标——渗透系数，渗透系数是渗流计算、评价土体渗透性强弱的的基本参数。

【试验方法】

渗透系数的测定可分为室内试验和现场试验。室内测定渗透系数的方法分为常水头渗透试验和变水头渗透试验。

常水头试验是在整个试验过程中水头保持不变，适用于渗透性强的砂性土，即 $k>10^{-3}$ cm/s。

变水头试验是在整个试验过程中水头随时间而变化，适用于渗透性弱的粉土或黏性土，即 $k<10^{-3}$ cm/s。

7-2　常水头渗透试验

【试验原理】

常水头意味着在试验过程中作用于试样的水头 h 保持为一常数，试样厚度 L 和试样截面积 A 均可直接测得。试验时测出某时间间隔 t 内流过试样的总水量 Q，即可根据达西定律求出渗透系数 k

$$Q=qt=kiAt=k\frac{h}{L}At \tag{1-7-1}$$

$$k=\frac{QL}{Aht} \tag{1-7-2}$$

式中　q——渗透流量（cm^3/s）；

　　　i——水力坡降。

【仪器设备】

1. 南 55 型渗透仪，见图 1-7-1 及图 1-7-2。
2. 温度计。

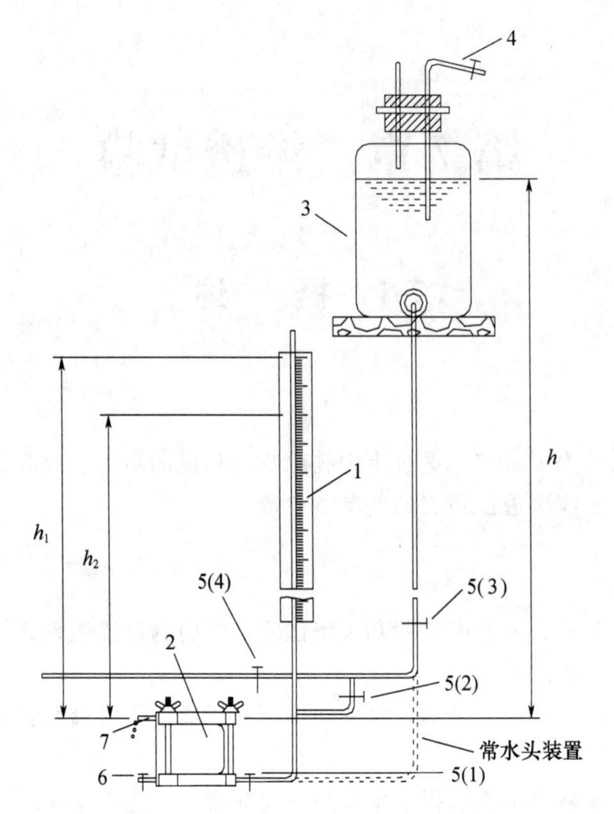

图 1-7-1　常水头（变水头）渗透试验装置

1—变水头管；2—渗透容器；3—储水瓶，容量为 5000mL；

4—水源接口；5—止水夹；6—排气管；7—出水管

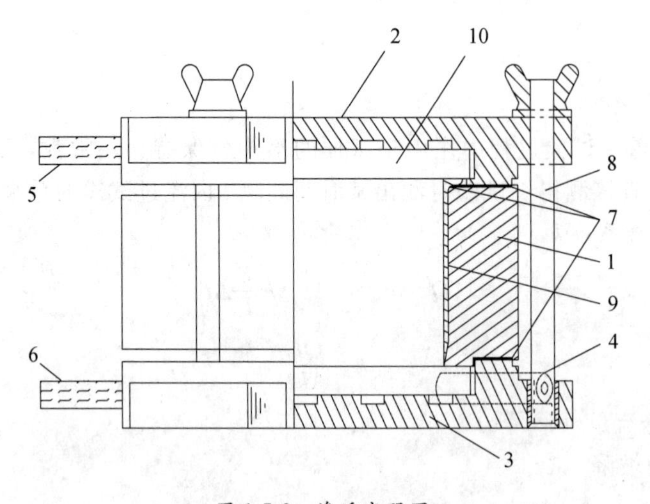

图 1-7-2　渗透容器图

1—套筒；2—上盖；3—下盖；4—进水管；5—出水管；6—排气管；

7—橡皮圈；8—螺栓；9—环刀；10—透水石

3. 100mL 量筒。

4. 天平：称量 200g，感量 0.01g。

5. 其它：切土器、削土刀、钢丝锯、直尺、凡士林等。

【试验步骤】

1. 将砂土土样烘干（由实验室完成）。

2. 称取烘干土样 600g，分层装入渗透容器内，每层 2～3cm，并加水捣实，最后使土样表面与容器内环刀顶齐平，称剩余土重（精确至 0.1g），则装入渗透容器内的干土质量为 $m_s=600-m_{余}$。

3. 在土样表面放滤纸及透水石，再加上盖，拧紧螺栓，使之与下盖连接可靠，以避免漏水。

4. 将装好试样的渗透容器的进水管与常水头的水头装置接通（供水瓶中的水已充好）。

5. 将渗透容器侧立，使排气管向上，并打开排气管止水夹。然后打开进水管水夹 5 (1)，排除容器底部的空气，直至水中无夹带气泡溢出为止。关闭排气管止水夹，平放好容器，使水面自下而上饱和试样。当上盖出水管流出的水已经清晰，即认为试样已经完全饱和，可以开始量测，测定水头 h。

6. 开动秒表，并将量筒放在出水口下面，经过时间 t 后移开量筒。立即用温度计测定水温 T 及量筒内的水量 Q。如此重复两次。

【试验结果整理及分析】

1. 按试验表 1-7-1 要求记录有关数据。

2. 按下式计算常水头试验砂土试样的干密度 ρ_d 及孔隙比 e_0

$$\rho_d=\frac{m_s}{AL} \tag{1-7-3}$$

$$e_0=\frac{d_s\rho_w}{\rho_d}-1 \tag{1-7-4}$$

式中　m_s——试样干土质量（g）；

L——试样厚度（cm）；

A——试样截面积（cm^2）；

d_s——土粒相对密度；

ρ_w——水的密度，（g/cm^3）。

3. 按下式计算常水头试验 T 时的渗透系数 k_T

$$k_T=\frac{QL}{Aht} \tag{1-7-5}$$

式中符号意义同（1-7-3）

4. 标准温度下的渗透系数应按下式计算

$$k_{20}=k_T\frac{\eta_T}{\eta_{20}} \tag{1-7-6}$$

式中　k_{20}——标准温度（20℃）时试样的渗透系数（cm/s）；

η_T——T（℃）时水的动力黏滞系数（kPa·s）；

η_{20}——20℃时水的动力黏滞系数（kPa·s）。黏滞系数比 η_T/η_{20} 查表 1-7-2。

表 1-7-1　常水头渗透试验结果记录表

试验小组：__________　　试验人员：__________

试验日期：__________　　成　　绩：__________

试样厚度（cm）		试样截面积（cm^2）		
干土质量（g）		干密度（g/cm^3）		
土粒相对密度 d_s		孔隙比		
试验次数	1	2	3	4
经过的时间（s）				
水头 h（cm）				
渗水量 Q（cm^3）				
水温 T（℃）				
k_T（cm/s）				
k_{20}（cm/s）				
平均值 k_{20}（cm/s）				

表 1-7-2　水的动力黏滞系数 η，黏滞系数比 η_T/η_{20}

温度（℃）	动力黏滞系数（10^{-6}kPa·s）	η_T/η_{20}	温度（℃）	动力黏滞系数（10^{-6}kPa·s）	η_T/η_{20}
5.0	1.516	1.501	15.5	1.130	1.119
5.5	1.493	1.478	16.0	1.115	1.104
6.0	1.470	1.455	16.5	1.101	1.090
6.5	1.449	1.435	17.0	1.088	1.077
7.0	1.428	1.414	17.5	1.074	1.066
7.5	1.407	1.393	18.0	1.061	1.050
8.0	1.387	1.373	18.5	1.048	1.038
8.5	1.367	1.353	19.0	1.035	1.025
9.0	1.347	1.334	19.5	1.022	1.012
9.5	1.328	1.315	20.0	1.010	1.000
10.0	1.310	1.297	20.5	0.998	0.988
10.5	1.292	1.279	21.0	0.986	0.976
11.0	1.274	1.261	21.5	0.974	0.964
11.5	1.256	1.243	22.0	0.963	0.953
12.0	1.239	1.227	22.5	0.952	0.943
12.5	1.223	1.211	23.0	0.941	0.932
13.0	1.206	1.194	24.0	0.919	0.910

续表

温度（℃）	动力黏滞系数 10^{-6}kPa·s	η_T/η_{20}	温度（℃）	动力黏滞系数 10^{-6}kPa·s	η_T/η_{20}
13.5	1.188	1.176	25.0	0.899	0.890
14.0	1.175	1.163	26.0	0.879	0.870
14.5	1.160	1.148	27.0	0.859	0.850
15.0	1.144	1.133	28.0	0.841	0.833

7-3　变水头渗透试验

【试验原理】

参看图 1-7-1，水头管中的起始水头为 h_1，经过其一段时间后，水头为 h_2。在任意微小时间 dt 内，水头管的水位降落了 dh，则从时间 t 至 $t+\mathrm{d}t$ 时间间隔内流经土样的水量 dQ 为

$$\mathrm{d}Q=-a\mathrm{d}h \tag{1-7-7}$$

式中　a——水头管的截面积（cm^2）。

式中负号表示水量 Q 随水头 h 的降低而增加。

同一时间内作用于试样的水力坡降 $i=h/L$，根据达西定律，其水量 dQ 应为：

$$\mathrm{d}Q=k\frac{h}{L}A\,\mathrm{d}t \tag{1-7-8}$$

由上两式得

$$\mathrm{d}t=-\frac{aL\mathrm{d}h}{kah}$$

两边积分，并注意试验中开始时（$t=t_1$）的水头高度为 h_1，结束时（$t=t_2$）的水头高度为 h_2，则

$$\int_{t_1}^{t_2}\mathrm{d}t=-\int_{h_1}^{h_2}\frac{aL\,\mathrm{d}h}{kAh}$$

$$t=t_1=\frac{aL}{kA}\ln\frac{h_1}{h_2}$$

$$k=\frac{aL}{A\ (t_2-t_1)}\ln\frac{h_1}{h_2} \tag{1-7-9}$$

或

$$k=2.3\frac{aL}{A\ (t_2-t_1)}\log\frac{h_1}{h_2} \tag{1-7-10}$$

【仪器设备】

参见图 1-7-1、图 1-7-2。变水头管要求内径均匀且不大于 1cm，装在刻度读数精确到 1.0mm 的木板上。

其它同常水头试验。

【试验步骤】

1. 按工程需要，取原状土样或制成给定状态的扰动土样。用环刀切取原状土样时，应在环刀内壁涂一薄层凡士林，刀口向下放在土样上，将环刀垂直下压，并用切土刀沿环刀外侧切削土样，边压边削至土样高出环刀，用钢丝锯整平环刀两端土样。切土时，应尽量避免结构扰动，并禁止用切土刀反复涂抹试样表面，影响试验结果。

2. 将试样进行充水饱和。

3. 将渗透容器的套筒内壁涂一薄层凡士林，然后将盛有试样的环刀推入套筒并压入止水垫圈。把挤出的多余凡士林小心刮净，装好带有透水石和垫圈的上、下盖，用螺栓拧紧，不得漏气漏水。

4. 把装好试样的渗透容器的进水管与水头装置接通（供水瓶的水已充好）。开止水夹（图 1-7-1）5（2），5（3），使水头管内充满水。

5. 把容器侧立，排气管 6（图 1-7-1）并向上，并打开排气管止水夹。然后打开进水口水夹 5（1）（图 1-7-1），充水排除容器底部的空气，直至水中无夹带气泡溢出为止。关闭排气管止水夹，平放好渗透容器。

6. 使渗透容器中的试样，在不大于 200cm 水头作用下，静止某一时间，待上出水口 7 有水溢出后，即认为试样已完全饱和，可以开始测定。

7. 关闭止水夹 5（2）（图 1-7-1），开动秒表，记录开始时间 t_1，及起始水头 h，经过时间 Δt 后，再测记终了水头 h_2，并量测出水口水温 T，如此重复三次。

8. 试验结束后应取出试样，清洗仪器。

【试验结果整理及分析】

1. 按试验表 1-7-3 记录有关数据。

2. 按下式计算变水头试验 T（℃）时的渗透系数

$$k_T = 2.3\frac{aL}{A\ (t_2 - t_1)}\log\frac{h_1}{h_2} \tag{1-7-11}$$

式中符号意义同式（1-7-11）。

3. 标准温度（20℃）下的渗透系数按式（1-7-6）计算。

【试验说明】

1. 试验用水应采用实际作用于土中的天然水，如有困难，允许用蒸馏水或经过滤的清水。在试验前必须用抽气法或煮沸法进行脱气，试验时水温宜高于室温 3～4℃。

2. 对需要饱和的试样，应根据土的性质选用下列饱和方法：

（1）砂土，直接在渗透仪内浸水饱和；

（2）$k > 10^{-4}$cm/s 的黏性土：采用毛细管饱和法；

（3）$k \leqslant 10^{-4}$cm/s 的黏性土：采用抽气饱和法。

3. 毛细管饱和法的操作步骤

（1）选用叠式或框式饱和器（图 1-7-3），试样上、下面放滤纸和透水石，装入饱和器内，并旋紧螺母。

（2）将装好的饱和器放入水箱内，注入清水，水面不宜将试样淹没，关箱盖，借毛细作用使土样饱和。浸水时间不得少于两昼夜。

（3）取出饱和器，松开螺母，取出环刀，擦干外壁，称环刀和土的总质量。

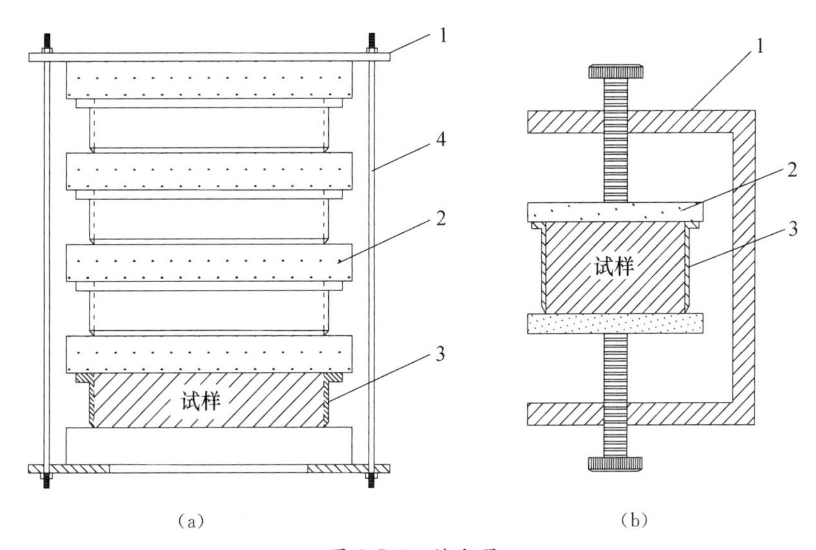

图 1-7-3　饱和器

（a）重叠式饱和仪；（b）框式饱和仪

1—夹板；2—透水石；3—环刀；4—拉杆

4．抽气饱和法的操作步骤

（1）选用真空饱和装置（图 1-7-4）。将装有试样的饱和器放入真空缸内，真空缸与盖之间涂一层凡士林，盖紧以防漏气。

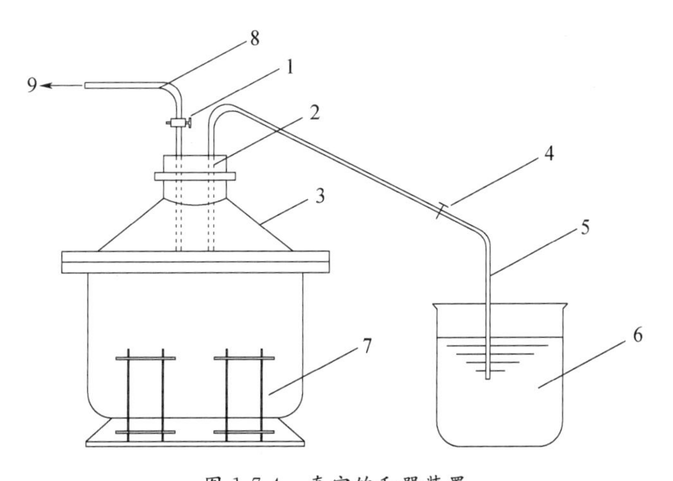

图 1-7-4　真空饱和器装置

1—二通阀；2—橡皮塞；3—真空缸；4—管夹；5—引水管；

6—水缸；7—饱和器；8—排气管；9—接抽气机

（2）关闭管夹 4，打开二通阀 1，开动抽气机，排除缸内及土中气体。当真空压力表读数与一个大气压力值相等时微开管夹 4，使清水徐徐注入真空缸。在注水过程中，调节管夹，以保持真空压力表读数基本不变。

（3）待水淹没饱和器，停止抽气。将引水管自水缸中取出，开管夹使空气流入真空缸，静置一段时间，借大气压力，使试样饱和，黏性土宜为 10h。

（4）打开真空缸，从饱和器内取出试样，称试样质量，并计算饱和度。当饱和度低于 95%，应继续抽气饱和。

5. 饱和度 S_r 应按下式计算：

$$S_r=\frac{\omega d_s}{e} \tag{1-7-12}$$

式中 ω——饱和后土的含水率（%）；

d_s——土粒相对密度；

e——土的孔隙比。

表 1-7-3 变水头渗透试验结果记录表

试验小组：__________ 试验人员：__________

试验日期：__________ 成　　绩：__________

试样厚度（cm）			试样截面积（cm^2）	
土粒相对密度 d_s			孔隙比 e	
饱和后含水率（%）			水头管截面积（cm^2）	
试验次数	1	2	3	4
开始时间 t_1（s）				
终了时间 t_2（s）				
开始水头 h_1（cm）				
终了水头 h_2（cm）				
水温 T（℃）				
K_T（cm/s）				
K_{20}（cm/s）				
平均值 K_{20}（cm/s）				

【思考题】

1. 常水头渗透试验和变水头渗透试验的区别与适用条件分别是什么？
2. 进行试验时，为何尽量采用纯净水进行试验？
3. 进行常水头试验时，若土样中含有黏粒，如何采取措施防止细粒土流失？

第 8 章　压缩试验

8-1　概　　述

【试验目的】

本试验的目的是测定评价土压缩性高低的指标，以评价土的压缩性并为地基的最终沉降计算提供依据。

压缩试验常用的仪器有两种：一种是杠杆式压缩仪，另一种是磅秤式压缩仪。本试验采用的 WG 型三联固结仪（图 1-8-1）为杠杆式压缩仪的一种。

本试验适用于细粒土。对于天然地基，需用原状土样进行试验；对于填土，则需按规定要求的密度与含水率制备扰动土样进行试验。

图 1-8-1　WG 型三联固结仪

8-2　单向压缩试验

【试验原理】

试验时，用金属环刀切取保持天然结构的原状土样，并置于压缩容器（图 1-8-2）的刚性护环内，土样上下各垫有一块透水石，土样受压后土中水可以自由排出。由于金属环刀和刚性护环的限制，土样在压力作用下只可能发生竖向压缩，而无侧向变形。土样在天然状态下进行逐级加压固结，测定各级压力 p 作用下土样压缩至稳定的孔隙比变化，绘 $e \sim p$ 曲线。

【仪器设备】

1. WG 型三联固结仪，见图 1-8-1。本仪器由三大部分组成：

(1) 压缩容器：每台仪器有三套压缩容器，试样面积为 30cm^2 或 $50\ \text{cm}^2$，高度为 2cm，见图 1-8-2。

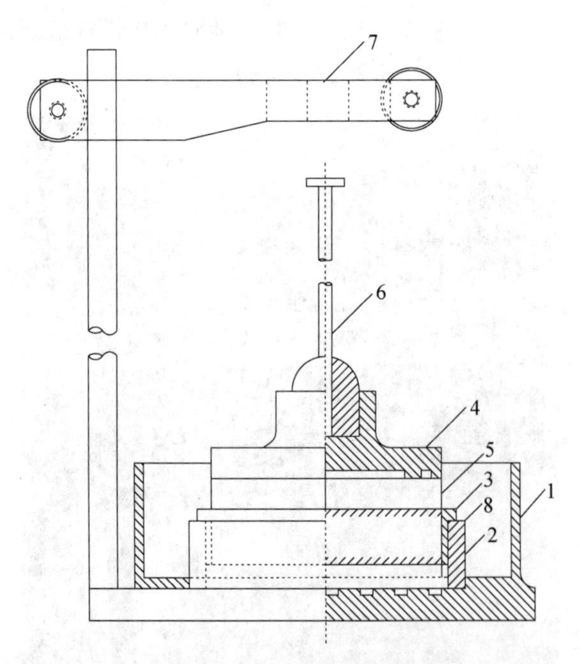

图 1-8-2　固结容器示意图

1—水槽；2—护环；3—环刀；4—加压上盖；5—透水石；
6—量表导杆；7—量表架；8—试样

(2) 杠杆加压设备：杠杆式加压，杠杆比为 1∶12，最大使用荷载为 200kg，土样加压过程见表 1-8-1、表 1-8-2。

(3) 构架。

表 1-8-1 30cm^{2}土样试验加压过程（杠杆比 1∶12）

<table>
<tr><th>加压顺序</th><th>砝码质量（kg）</th><th>数量</th><th>砝码累计质量（kg）</th><th>土样承受压力（kPa）</th></tr>
<tr><td rowspan="3">1</td><td>0.319</td><td>1</td><td rowspan="3">1.275</td><td rowspan="3">50</td></tr>
<tr><td>0.319</td><td>1</td></tr>
<tr><td>0.637</td><td>1</td></tr>
<tr><td>2</td><td>1.275</td><td>1</td><td>2.55</td><td>100</td></tr>
<tr><td>3</td><td>2.55</td><td>1</td><td>5.10</td><td>200</td></tr>
<tr><td>4</td><td>2.55</td><td>2</td><td>10.20</td><td>400</td></tr>
</table>

表 1-8-2 50cm^{2}土样试验加压过程（杠杆比 1∶10）

<table>
<tr><th>加压顺序</th><th>砝码质量（kg）</th><th>数量</th><th>砝码累计质量（kg）</th><th>土样承受压力（kPa）</th></tr>
<tr><td rowspan="4">1</td><td>0.319</td><td>1</td><td rowspan="4">2.55</td><td rowspan="4">50</td></tr>
<tr><td>0.319</td><td>1</td></tr>
<tr><td>0.637</td><td>1</td></tr>
<tr><td>1.275</td><td>1</td></tr>
<tr><td>2</td><td>2.55</td><td>1</td><td>5.10</td><td>100</td></tr>
<tr><td rowspan="2">3</td><td>2.55</td><td>1</td><td rowspan="2">10.20</td><td rowspan="2">200</td></tr>
<tr><td>2.55</td><td>1</td></tr>
<tr><td>4</td><td>5.10</td><td>2</td><td>20.40</td><td>400</td></tr>
</table>

2. 天平：称量 1000g，感量 0.1g；称量 200g，感量 0.01g。

3. 百分表：量程 10mm，最小分度为 0.01mm。

4. 其它：秒表、滤纸、凡士林、削土刀、称量盒、烘箱等。

【试验步骤】

1. 按工程需要，取原状土样或制成给定状态的扰动土样。用环刀切取原状土样时，应在环刀的内壁涂一薄层凡士林，刀口向下放在土样上，将环刀垂直下压，并用切土刀沿环刀外侧切削土样，边压边削至土样高出环刀，用钢丝锯整平环刀两端土样。切土时，应尽量避免土的结构扰动，并禁止用切土刀反复涂抹试样表面，影响试验结果。同学试验时可用扰动土样。试样需要饱和时应抽气饱和。

2. 擦净环刀外壁，称环刀和土的总质量，精确至 0.1g 减去环刀质量后即可计算出土的密度，并取余土 15g 测定含水率，取两次平行测定的平均值。

3. 先在压缩容器底部的透水石上加一湿润的滤纸，将带有试样的环刀外壁涂凡士林，刀口向下放入压缩容器的护环内，依次套上导环，在试样上放滤纸、透水石、压土板。

4. 调试加压设备：松开杠杆固定螺丝，利用平衡锤将挂有吊盘的杠杆横梁调至水平位置。将手轮顺时针旋转，使升降杆上升至顶点，再逆时针旋转 3～5 转。调整拉杆下端螺帽，使框架向上时，能自由取放容器（间隙约 3mm）。

5. 抬起杠杆，置压缩容器于加压位置，使压土板的凹部与加压横梁的凸头（传压头）

密合。为保证试样与仪器上下各部件之间接触良好，应施加 1kPa 的预压力。为此，对于 30 cm^2、50 cm^2 面积的试样，分别在砝码盘上放置 25g、45g 的砝码即可。然后安装百分表调至零位或记下初读数。安装百分表时，应注意调整表脚，使其可伸长度不少于 8mm。

预压数分种后，即可取下砝码，开始正式加荷试验，试样的预压变形忽略不计。

6. 确定需要施加的各级压力，压力等级通常为 12.5kPa、25kPa、50kPa、100kPa、200kPa、400kPa、800kPa、1600kPa、3200kPa，第一级压力的大小视土的软硬程度而定，宜用 12.5kPa 或 50kPa。最后一级压力应大于土的自重应力和附加应力之和。只需测定压缩系数时，最大压力不小于 400kPa。

测记百分表读数的时间为 10min、20min、60min、120min、23h、24h，至压缩稳定为止。

压缩稳定的标准，规定为每级压力下压缩 24h。

7. 对于饱和试样，施加第一级压力后应立即向水槽中注水浸没试样。非饱和土进行压缩试验时，须用湿棉纱围住加压板周围。

8. 由于时间限制，学生试验统一按四级压力加荷，依次为 50kPa、100kPa、200kPa、400kPa（参看表 1-8-1 及表 1-8-2）。每级加荷历时 10min，百分表只记起始及终了读数。

在加荷过程中，应不断观察杠杆上的长水准气泡，并按逆时针方向旋转手轮，使杠杆始终保持水平。严禁顺时针旋转手抡，以免震动试样。

9. 试验结束后，取出试样，清洗仪器。

【试验结果整理及分析】

1. 按压缩试验表格（表 1-8-3）的要求，记录有关数据。

2. 按下式计算试样的初始含水率 ω_0

$$\omega_0=\frac{m_w}{m_s}\times 100\% \tag{1-8-1}$$

式中 ω_0——试样的初始含水率（%）；

m_w——试样中水的质量（g）；

m_s——干土质量（g）。

3. 按下式计算试样的初始密度 ρ_0

$$\rho_0=\frac{m}{V} \tag{1-8-2}$$

式中 ρ_0——试样的初始密度（g/cm^3）；

m——湿土质量（g）；

V——环刀容积（cm^3）。

4. 按下式计算试样的初始孔隙比 e_0

$$e_0=\frac{\rho_w ds\ (1+0.01\omega_o)}{\rho_0}-1 \tag{1-8-3}$$

式中 d_s——土粒相对密度；

ρ_w——水的密度（g/cm^3）。

5. 按下式计算各级压力下试样压缩稳定后的单位沉降量 s_i。

$$s_i = \frac{\sum \Delta hi}{h_o} \times 10^3 \tag{1-8-4}$$

式中 s_i——单位沉降量（mm/m）；

$\sum \Delta h_i$ ——某级压力下试样压缩稳定后的总变形量（mm）；

h_0——试样的初始高度（mm）。

6. 按下式计算各级压力下试样压缩稳定后的孔隙比 e_i

$$e_i = e_0 - \frac{1+eo}{ho}\Delta h_i \tag{1-8-5}$$

式中 e_i——各级压力下试样压缩稳定后的孔隙比。

7. 按下式计算100～200kPa压力范围内的压缩系数 a_{1-2}

$$a_{1-2} = \frac{e_1 - e_2}{p_2 - p_1} \tag{1-8-6}$$

式中 p_1——100kPa压力值；

p_2——200kPa压力值；

e_1——100kPa压力下压缩稳定后试样的孔隙比；

e_2——200kPa压力下压缩稳定后试样的孔隙比。

8. 绘制 $e\sim p$ 压缩曲线于图1-8-3中。

表1-8-3 压缩试验结果记录表

试验小组：________ 试验人员：________

试验日期：________ 成　　绩：________

<table>
<tr><td rowspan="3">含水率测定</td><td>盒质量
（g）</td><td>盒＋湿土质量
（g）</td><td>盒＋干土质量
（g）</td><td>水质量
（g）</td><td colspan="2">干土质量
（g）</td><td>含水率
（%）</td><td>平均含水率
（%）</td></tr>
<tr><td></td><td></td><td></td><td></td><td colspan="2"></td><td></td><td rowspan="2"></td></tr>
<tr><td></td><td></td><td></td><td></td><td colspan="2"></td><td></td></tr>
<tr><td rowspan="2">密度测定</td><td>环刀高
（cm）</td><td>环刀容积
（cm³）</td><td>环刀质量＋
土质量（g）</td><td>环刀质量
（g）</td><td colspan="2">土质量
（g）</td><td>密度
（g/ cm³）</td><td>重度
（kN/ m³）</td></tr>
<tr><td></td><td></td><td></td><td></td><td colspan="2"></td><td></td><td></td></tr>
<tr><td colspan="2">土粒相对密度</td><td colspan="2"></td><td colspan="3">试样初始孔隙比</td><td colspan="2"></td></tr>
<tr><td rowspan="6">加压试验</td><td>压力
（kPa）</td><td>加压时间
（min）</td><td>百分表读数
（0.01mm）</td><td colspan="3">试样总压缩量
（mm）</td><td>单位压缩量
（mm/m）</td><td>孔隙比</td></tr>
<tr><td>0</td><td>0</td><td></td><td colspan="3"></td><td></td><td></td></tr>
<tr><td>50</td><td>10</td><td></td><td colspan="3"></td><td></td><td></td></tr>
<tr><td>100</td><td>10</td><td></td><td colspan="3"></td><td></td><td></td></tr>
<tr><td>200</td><td>10</td><td></td><td colspan="3"></td><td></td><td></td></tr>
<tr><td>400</td><td>10</td><td></td><td colspan="3"></td><td></td><td></td></tr>
</table>

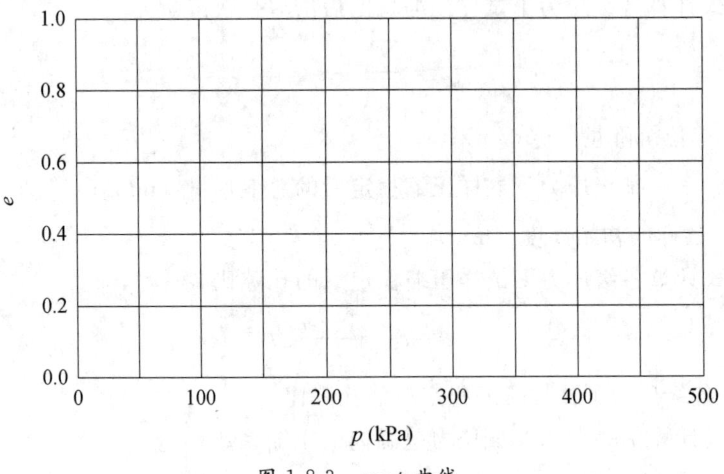

图 1-8-3　$e \sim p$ 曲线

压缩系数 a_{1-2}（MPa^{-1}）	
土的压缩性评价	

【思考题】

1. 在压缩试验中，土颗粒本身会被压缩吗？
2. 试验过程中如何保证数据的准确性？
3. 压缩试验装样时，对滤纸和透水石的湿度有何要求？

第9章　直接剪切试验

9-1　概　　述

【试验目的】

本试验的目的是按库仑定律确定土的抗剪强度指标——内摩擦角 φ 和黏聚力 c，为地基承载力计算、土坡稳定分析和土压力计算等提供依据。

【试验方法】

直接剪切试验按试验方法不同可分为快剪（q），固结快剪（c_q）和慢剪（s）三种试验方法。快剪试验是在试样上施加垂直压力后，立即施加水平剪切力，使土样很快剪坏（3～5min）。固结快剪是在试样上施加垂直压力，待排水固结稳定后，立即施加水平剪切力，使土样很快剪坏。慢剪试验是在试样上施加垂直压力，待排水固结稳定后，缓慢施加水平剪切力，使土样剪坏。对于同一种土，采用不同的试验方法，所测得的强度指标也不同，工程上应模拟现场实际工况来选择试验方法。

学生试验采用快剪试验。

9-2　快剪试验

【试验原理】

快剪试验时，通常采用四个试样，分别在不同的垂直压力作用下，立即施加水平剪切力，求得破坏时的剪应力 τ_f，根据库仑定律绘制库仑抗剪强度线后确定土的抗剪强度参数 c、φ。

【仪器设备】

1. 应变控制式直剪仪：本试验所用仪器的为 ZJ 型应变控制式直剪仪（图 1-9-1），该仪器由五部分组成：

（1）推动座部分：推进杆以手轮甲每转 0.2mm 的移距推动剪切盒。

（2）剪切盒：土样面积为 $30cm^2$，高 2cm。

（3）测力装置：量力环置于推动座与剪切盒之间，承受最大水平剪切力为 120kg。

(4) 垂直加荷设备：利用砝码可施加 50～400kPa 的垂直压力，见表 1-9-1。

(5) 变速箱（电动等应变直剪仪）。

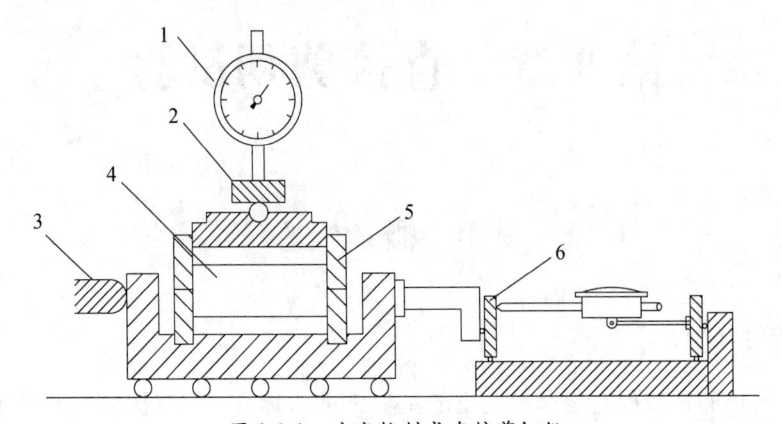

图 1-9-1 应变控制式直接剪切仪

1—垂直变形量表；2—垂直加荷框架；3—推动座；4—试样；5—剪切盒；6—量力环

2. 百分表：量程为 10mm，分度值 0.01mm。

3. 环刀：面积为 $30cm^2$，高 2cm。

4. 秒表、削土刀、凡士林等。

【试验步骤】

1. 制样。可采用原状土样或制成给定状态的扰动土样。用环刀切取原状土样时，应在环内壁涂一薄层凡士林，刀口向下放在土样上，将环刀垂直下压，并用切土刀沿环刀外侧切削土样，边压边削至土样高出环刀，用钢丝锯整平环刀两端土样。切土时应尽量避免土的结构扰动，并禁止用切土刀反复涂抹试样表面，影响试验结果。扰动土样预先由实验室制备，环刀切取土样方法同原状土样。试验时每组试样不得少于 4 个。

2. 装样。对准剪切盒的下上框，插入固定销。依次在盒内放透水石和蜡纸（或塑料纸），将带有试样的环刀刃口向上，对准剪切盒口，用压土板将土样小心推入剪切盒内，在试样上依次放置蜡纸（或塑料纸）、透水石、压土板。

3. 将剪切盒放在导轨上，顺时针旋转与推动座连接的手轮使量力环夹块上的钢珠与剪切盒下框接触，从而把剪切盒推入试验位置，调整量力环中的百分表，使其读数为零。

4. 校准杠杆水平（调节平衡锤），杠杆水平时杠杆下沿应和立柱三横的中间红线平齐。

5. 开始第一个试样的剪切试验。用砝码对试样施加 100kPa 的垂直压力（表 1-9-1）后，立即拔去剪切盒的固定销（切记!），开动秒表，以 0.8mm/min 的均匀速率，顺时针旋转手轮甲，使试样在 3～5min 内剪坏（对于电动等应变直剪仪应先接通电源，换挡至所需要的速率，开关打向“进”，即可进行剪切。电动直剪仪若需手动剪切，必须换挡至“0”转，再以均匀速率旋转手轮）。

表 1-9-1　土样垂直加荷等级

土样序号	砝码质量（kg）			土样承受的压力（kPa）	备注
	单个质量	施加个数	总质量		
1	1.275	1（吊盘）	1.275	50	1. 土样面积为 $30cm^2$； 2. 杠杆比为 1∶12。
2	1.275	2（含吊盘）	2.55	100	
3	1.275	2（含吊盘）	5.10	200	
	2.55	1			
4	1.275	2（含吊盘）	7.65	300	
	2.55	2			
5	1.275	2（含吊盘）	10.20	400	
	2.55	3			

试样剪切破坏的标准为：（1）当手轮甲转动，而量力环中的百分表指针不再前进或指针出现摆动现象，表明试样已被剪坏，记下此时百分表的读数 R；（2）当手轮转动 20 转（剪切变形达 4mm），百分表指针仍不停止前进，表明试样已被剪坏。

在试验过程中，还应随时观察使杠杆始终保持水平，严禁顺时针转动手轮乙，以免震动试样。

6. 第一个试样测读完毕后，顺序卸下砝码，逆时针退回手轮甲，抬起加力杠杆，取出剪切盒，移动压土板，取出已剪坏试样（对于电动等应变直剪仪，退回时，开关先打到中间空挡，再将开关打向“退”，即自动退回，或者至“0”转，反方向旋转手轮甲，推动座上附有插销，以便每次试验结束后，拔出插销，手旋推进杆，可快速退至原位）。

7. 分别进行第二、第三、第四个试样（垂直压力分别为 200kPa、300kPa、400kPa）的快剪试验。杠杆平衡和拉杆长短不需再调整，取放容器抬起杠杆即可。

【试验结果整理及分析】

1. 按直接剪切试验表格（表 1-9-2）的要求记录有关数据。
2. 按下式计算试样的抗剪强度 τ_f：

$$\tau_f = CR \tag{1-9-2}$$

式中　τ_f——土的抗剪强度（kPa）；

C——量力环率定系数（100kPa/0.01mm），由实验室提供；

R——量力环中百分表的最大读数（0.01mm）。

3. 在图 1-9-2 中绘制抗剪强度线，并求得土的内摩擦角 φ 和黏聚力 c（绘图时如发现个别点与其它点不在一条直线上，则应去掉此点，将其它各点连成直线）。

表 1-9-2　直接剪切试验结果记录表

试验小组：＿＿＿＿＿　　　　试验人员：＿＿＿＿＿

试验日期：＿＿＿＿＿　　　　成　　绩：＿＿＿＿＿

量力环率定系数 C=100kPa/0.01mm			
试样序号	垂直压力（kPa）	量力环中百分表的最大读数（0.01mm）	抗剪强度（kPa）
1	100		
2	200		
3	300		
4	400		

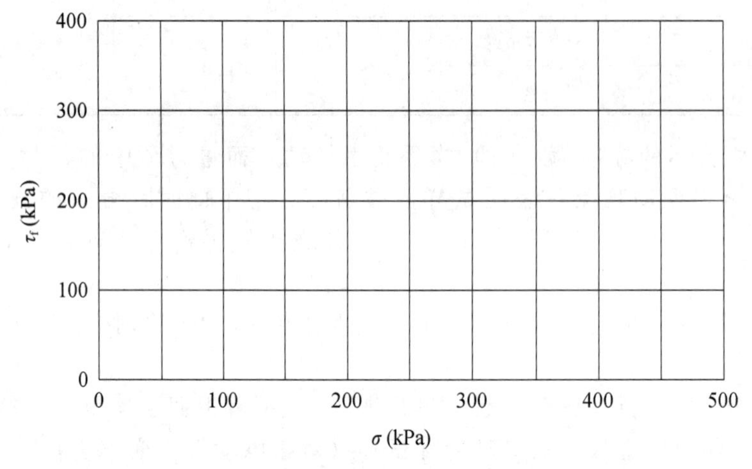

图 1-9-2　抗剪强度与垂直压力关系曲线

内摩擦角 φ（°）	
黏聚力 c（kPa）	

【试验说明】

1. 本试验适用于细粒土及砂土，土颗粒的粒径应小于 2mm。

2. 每组试验至少取四个试样。对于原状土，其密度差值≤0.03g/cm^3，含水率差值≤2%；对于扰动土，其密度和含水率与制备标准间的差值，分别要求为±0.02g/cm^{3}和±1%，且各试样间差值分别要求在 0.02g/cm^{3}和 1%以内。

3. 本试验每组取四个试样，采用 100kPa、200kPa、300kPa、400kPa 四级垂直加荷。

【思考题】

1. 什么是土的抗剪强度？

2. 直接剪切试验按试验方法不同可分为快剪（q），固结快剪（c_q）和慢剪（s）三种试验方法。请指出每种方法对应的工况。

3. 直接剪切试验的优缺点是什么？

第 2 部分

综合性试验

第 1 章　三轴剪切试验

1-1　概　述

【试验目的】

三轴剪切试验是测定土体抗剪强度的一种常用方法，通常用 3～4 个圆柱形试样，分别在不同的恒定围压力（即小主应力 σ_3）下施加轴向压力（即主应力差 $\sigma_1-\sigma_3$）进行剪切直至破坏，然后根据摩尔—库仑理论，求得土的抗剪强度参数 c、φ 值。同时，试验过程中若测得了孔隙水压力还可以得到土体的有效抗剪强度指标 c'、φ' 和孔隙水压力系数等。

【试验方法】

三轴剪切试验按试验方法的不同可分为不固结不排水试验（UU）、固结不排水试验（CU）以及固结排水剪试验（CD）。

1. 不固结不排水试验：试件在周围压力和轴向压力下直至破坏的全过程中均不允许排水，土样从开始加载至试样剪坏，土中的含水率始终保持不变，可测得总抗剪强度指标 C_u 和 φ_u；

2. 固结不排水试验：试样先在周围压力下排水固结，待固结稳定后，再在不排水条件下施加轴向压力直至破坏，可同时测定总抗剪强度指标 C_{cu} 和 φ_{cu} 或有效抗剪强度指标 c' 和 φ' 及孔隙水压力系数；

3. 固结排水剪试验：试样先在周围压力下排水固结，待固结稳定后，允许试样在充分排水的条件下增加轴向压力直至破坏，可测得总抗剪强度指标 C_d 和 φ_d。

学生试验方法为固结不排水试验。

1-2　固结不排水三轴剪切试验

【试验原理】

通常用 3～4 个圆柱形试样，分别在不同的恒定围压力下（即小主应力 σ_3）固结稳定后立即施加轴向压力（即主应力差 $\sigma_1-\sigma_3$）进行剪切至土样破坏，然后根据摩尔—库仑理论，求得土的抗剪强度参数。

【仪器设备】

1. 三轴仪分为应力控制式和应变控制式两种，实验室采用应变控制式三轴仪（也可采用附录中所列仪器）。

应变控制式三轴仪由以下几个组成部分（图 2-1-1，图 2-1-2，图 2-1-3）：

（1）三轴压力室。压力室是三轴仪的主要组成部分，它是由一个金属上盖、底座以及透明有机玻璃圆筒组成的密闭容器，压力室底座通常有 3 个小孔分别与围压系统、体积变形和孔隙水压力量测系统相连。

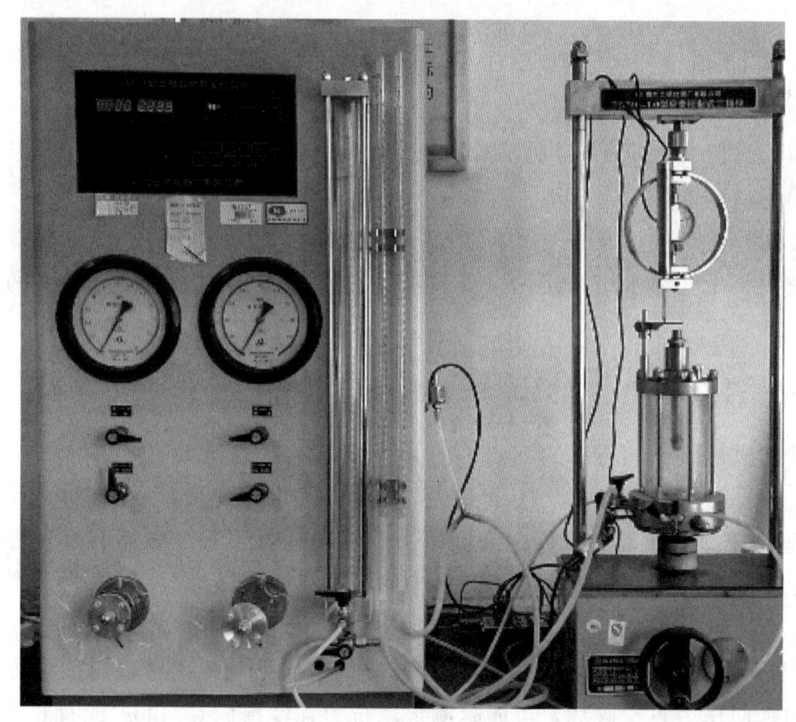

图 2-1-1　应变控制式三轴剪切仪

（2）轴向加荷传动系统。采用电动机带动多级变速的齿轮箱，或者采用可控制无级调速，根据土样性质及试验方法确定加荷速率，通过传动系统使土样压力室自下而上的移动，使试件承受轴向压力。

（3）轴向压力测量系统。通常的试验中，轴向压力由测力计（测力环或称应变圈等）来反映土体的轴向荷重，测力计为线性和重复性较好的金属弹性体组成，测力计的受压变形由百分表测读。轴向压力系统也可由荷重传感器来代替。

（4）周围压力稳压系统。采用调压阀控制，调压阀当控制到某一固定压力后，它将压力室的压力进行自动补偿而达到周围压力的稳定。

（5）孔隙水压力测量系统。孔隙水压力由孔隙水压力传感器测得。

（6）轴向应变（位移）测量装置。轴向距离采用大量程百分表（0～30mm 百分表）或位移传感器测得。

（7）反压力体应变系统。由体变管和反压力稳定控制系统组成，以模拟土体的实际应力状态或提高试件的饱和度以及测量试件的体积变化。

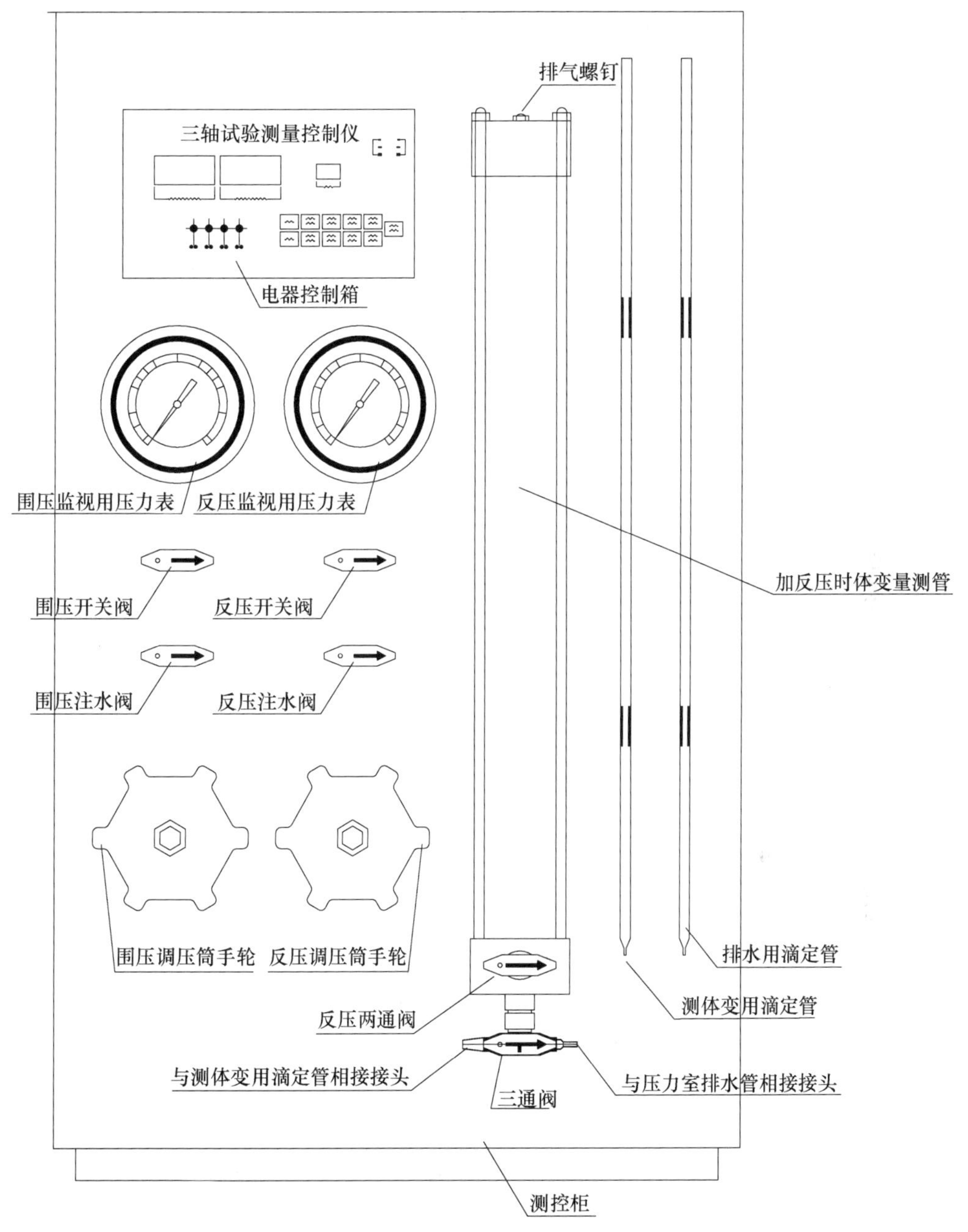

图 2-1-2　应变控制式三轴剪切仪控制柜

2．附属设备

（1）击实器和饱和器；

（2）切土器和原状土分样器；

（3）砂样制备模筒和承膜筒、对开模；

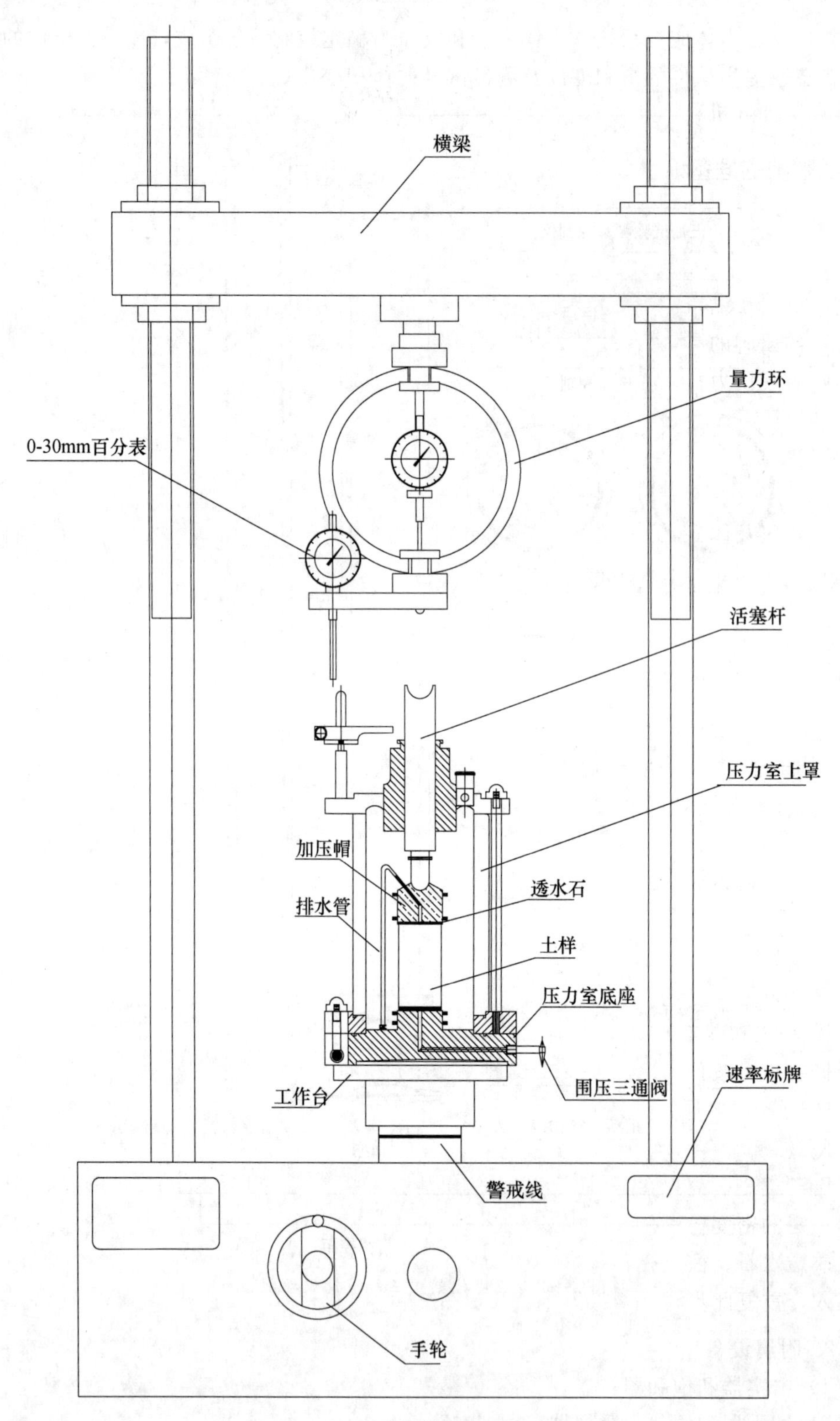

图 2-1-3　应变控制式三轴剪切仪压力室

（4）托盘天平；

（5）其它如乳胶膜、橡皮筋、透水石、滤纸、切土刀、钢丝锯、毛玻璃板、空气压缩机、真空抽气机、真空饱和抽水缸、称量盒和分析天平等。

【试验前的准备及检查】

1. 仪器性能检查，应包括如下几个方面：

（1）周围压力和反压力控制系统的压力源；

（2）空气压缩机的稳定控制器（又称压力控制器）；

（3）调压阀的灵敏度及稳定性；

（4）监视压力精密压力表的精度和误差；

（5）稳压系统有否漏气现象；

（6）管路系统的周围压力、孔隙水压力、反压力和体积变化装置以及试样上下端通道接头处是否存在漏气或阻塞现象；

（7）孔压及体变的管道系统内是否存在封闭气泡，若有封闭气泡可用无气水进行循环排气；

（8）土样两端放置的透水石是否畅通和浸水饱和；

（9）乳胶薄膜套是否有漏气的小孔；

（10）轴向传压活塞是否存在摩阻力等。

2. 试验前的准备工作

除了上述仪器性能检查外，还应根据试验要求作如下的准备：

（1）根据土样的制备方法和土样特性决定饱和方法和设备；

（2）根据试验方法和土的性质，确定剪切速率；

（3）根据取土深度和应力历史以及试验方法，确定周围压力的大小；

（4）根据土样的多少和均匀程度确定单个土样多级加荷还是多个土样分级加荷。

【试样制备及饱和】

1. 扰动土和砂土的试样

根据要求可按预定的干密度和含水率制备土样，在击实器内分层击实，粉土分 3～5 层，黏土分 5～8 层，各层土料数量应相等，各层面上用切土刀刨毛以利于两层面之间结合。

对于砂类土，应先在压力室底座上依次放上不透水板、乳胶薄膜和对开圆模筒，然后根据一定的密度要求，分三层装入圆模筒内击实。如果制备饱和砂样，在压力室底座上依次放透水石、橡皮膜和对开圆模，可在圆模筒内通入纯水至 1/3 高，将预先煮沸的砂料填入，重复此步骤，使砂样达到预定高度，放不透水板或透水石、试样帽，扎紧乳胶膜。为使试样能站立，应对试样内部施加 $0.05kg/cm^2$（5kPa）的负压力或用量水管降低 50cm 水头即可，然后拆除对开圆模筒。

2. 原状试样

将原状土制备成略大于试样直径和高度的毛坯，置于切土器内用钢丝锯或切土刀边削边旋转，直到满足试件的直径为止，然后按要求的高度切除两端多余土样。

3. 试样饱和

（1）真空抽气饱和法。将制备好的土样装入饱和器内置于真空饱和缸，为提高真空度可在盖缝中涂上一层凡士林以防漏气。将真空抽气机与真空饱和缸接通，开动抽气机，当真空压力达到一个大气压力，微微开启管夹，使清水徐徐注入真空饱和缸的试样中，待水面超过土样饱和器后，使真空表压力保持一个大气压力不变，即可停止抽气。然后静置一段时间，粉性土大约10h左右，使试样充分吸水饱和。另一种所抽气饱和办法，是将试样装入饱和器后，先浸没在带有清水注入的真空饱和缸内，连续真空抽气2～4h（黏土），然后停止抽气，静置10h左右即可。

（2）水头饱和法。将试样装入压力室内，试样周围不贴滤纸条，施加0.2kg/cm^2（20kPa）周围压力，打开孔隙水压力阀、量管阀和排水管阀，使无气泡的水从试样底座进入，从上部溢出，水头高差一般在1m左右，直至流入水量和溢出水量相等为止。

（3）反压力饱和法。试样要求完全饱和时，应对试样施加反压力。试样装好后，调节孔隙水压力等于大气压力，关闭孔隙水压力阀、反压力阀、体变管阀，测记体变管读数。开周围压力阀，先对试样施加20kPa的周围压力，开孔隙水压力阀，待孔隙水压力变化稳定，测记读数，关闭孔隙水压力阀。反压力应分级施加，同时施加周围压力，以尽量减少对试样的扰动。周围压力和反压力的每级增量为30kPa，开体变管和反压力阀，检查孔隙水压力增量，待稳定后，测记孔隙水压力和体变管读数，再施加下一级周围压力。计算每级周围压力下引起的孔隙水压力增量，当孔隙水压力增量与周围压力增量之比$\Delta u/\Delta\sigma_3>0.98$时，认为试样饱和。

【试验步骤】

1. 装样

（1）将压力室外罩从试验机上取下，打开中间的三通阀，将压力室底座中的空气排尽。

（2）把已检查过的橡皮膜套在承膜筒上，两端翻起用吸球从气嘴不断吸气，使橡皮膜紧贴于筒壁，小心将它套在土样外面，土样周围贴上滤纸条，然后让气嘴放气，使橡皮膜紧贴试样周围。

（3）关上孔压三通阀，打开孔隙水压力阀和量管阀，在压力室中孔上放置透水石和滤纸，待气泡排除后，再放上土样，翻起橡皮模两端，用橡皮筋圈将橡皮膜下端扎紧在底座上，取下承膜筒。让量管中的水（有时采取高量管所产生的水头差）从底座流入试样与橡皮膜之间，排除试样周围的气泡，关闭开关。

（4）打开与试样帽连通的排水阀，让量水管中的水流入试样帽，用对开模夹住试样，翻下橡皮膜，连同滤纸和透水石放在试样的上端，拉起橡皮膜，用橡皮筋扎住，取下对开模，排尽试样上端及量管系统的气泡后关闭开关。

（5）罩上压力室罩，将压力室罩上的轴轻轻地拔出，用手拨开量力环，放上压力罩，使轴的圆球面和加压帽接触，将压力室的三个螺栓均匀地拧紧，以防漏水。

2. 调整试验机

（1）逆时针摇动主机的手轮，粗调使压力室与量力环接触，将两块百分表调零。

（2）将储水瓶拿至控制柜顶部，打开三通阀门向压力室注水，旋松压力室上部排气螺栓，直至水从此处溢出。

（3）将三通阀门关闭，旋紧排水螺栓。

3. 试验

（1）打开电源开关，预热 20min，进行围压设定。

（2）按控制柜上的[围压清零]键，清除残余围压，再按[围压设定]键设定围压，百位用[反压清零]键，个位用[孔压清零]键设定，每一级荷载有 0.01MPa 的补偿数，确定所需围压后，再次按下[围压设定]键确定压力。

（3）同时测定土体内与周围压力相应的起始孔隙水压力，施加周围压力后，在不排水条件下静置 15～30min 后，记下起始孔隙水压力读数。

（4）打开排水阀门，固结完成后，关闭排水阀门，测计孔隙水压力和排水管读数。

（5）手动控制柜上的围压手轮加压，当压力接近所需围压时，拧上手轮顶部的紧顶螺栓，使手轮不再转动。

（6）按[围压启/停]键，进一步施加围压，直至围压稳定达到要求。

（7）试样剪切按下列步骤进行：

①剪切速率：黏土宜为 0.05～0.1%/min，粉质土或轻亚黏土为 0.1～0.5%/min。

②将轴向变形的百分表、轴向压力测力环的百分表读数均调至零点。

③按控制柜上的[电机升/停]键，进行电动升降，开始剪切。试样每产生 0.3%～0.4%的轴向应变（或 0.2mm 变形值），测读一次测力计读数和轴向变形值。当轴向应变大于 3%时，试样每产生 0.7%～0.8%的轴向应变（或 0.5mm 变形值），测读一次。当测力计读数出现峰值时，剪切应继续进行到轴向应变量为 15%～20%。再次按下[电机升/停]键，停止剪切。

④试验结束，按[围压启/停]键，拧开围压手轮上的紧顶螺栓，逆时针旋转手轮卸压，再将压力室底部的手轮扳回空档，顺时针转动手轮使压力室与量力环脱开。

⑤将控制柜顶部的储水瓶取下，打开压力室上的排气孔阀门，待压力室水排完后，拆下压力室的固定螺栓，取下压力室外罩，拆除试样，用干布擦净试验机与压力室上的水，关机完成操作。

【试验结果整理与分析】

1. 按下式计算孔隙水压力系数：

$$B=\frac{\Delta u_i}{\Delta\sigma_3}\quad 或\quad B=\frac{u_i}{\sigma_{3i}} \tag{2-1-1}$$

$$A=\frac{\Delta u_d}{B(\Delta\sigma_1-\sigma_3)}\ 或\ A=\frac{u_f-u_i}{B(\Delta\sigma_{1f}-\sigma_3)} \tag{2-1-2}$$

式中　B——各向等压作用下的孔隙水压力系数；

Δu_i——试样在周围压力增量下所出现孔隙水压力增量（kPa）；

$\Delta\sigma_3$——周围压力增量（kPa）；

u_i——在周围压力下所产生的孔隙水压力（kPa）；

σ_{3i}——周围压力（kPa）；

A——偏压应力作用下的孔隙水压力系数；

$\Delta\sigma_1$——大主应力增量（kPa）；

u_f——剪损时的孔隙水压力（kPa）；

$\Delta\sigma_{1f}$——剪损时的大主应力增量（kPa）；

Δu_d——试样在主应力差下所产生的孔隙水压力增量（kPa）。

2. 按下式修正试样固结后的高度和面积：

$$h'_0=h_0\ (1-\varepsilon_0)\ =h_0\left(1-\frac{\Delta v}{v_0}\right)^{1/3}\approx h_0\left(1-\frac{\Delta v}{3v_0}\right) \tag{2-1-3}$$

$$A'_0=\frac{\pi}{4}d_0^2\ (1-\varepsilon_0)^2=\frac{\pi}{4}d_0^2\left(1-\frac{\Delta v}{v_0}\right)^{2/3}\approx A_0\left(1-\frac{2\Delta v}{3v_0}\right) \tag{2-1-4}$$

式中　v_0、h_0、d_0——固结前的体积、高度和直径；

Δv、Δh、Δd——固结后体积、高度和直径的改变量；

A'_0、h'_0——固结后平均断面积和高度。

3. 按下式计算剪切过程中的平均断面积和应变值：

$$A_a=\frac{A'_0}{1-\varepsilon'_0}\ (\mathrm{cm^2}) \tag{2-1-5}$$

$$\varepsilon'_0=\frac{\Sigma\Delta h}{h'_0} \tag{2-1-6}$$

式中　A_a——剪切过程中平均断面积（$\mathrm{cm^2}$）；

ε'_0——剪切过程中轴向应变（%）；

$\Sigma\Delta h$——剪切时轴向变形（mm）。

4. 按下式计算主应力差：

$$(\sigma_1-\sigma_3)\ =\frac{CR}{A_a}=\frac{CR}{A'_0}\ (1-\varepsilon'_0) \tag{2-1-7}$$

式中　C——测力环校正系数（N/0.01mm）；

R——测力环百分表读数差（0.01mm）。

5. 按下式计算破坏时有效主应力：

$$\bar{\sigma}_{3f}=\sigma_3-u_f \tag{2-1-8}$$

$$\bar{\sigma}_{1f}=\sigma_{1f}-u_f=(\sigma_1-\sigma_3)_f+\bar{\sigma}_3 \tag{2-1-9}$$

式中　$\bar{\sigma}_{1f}$、$\bar{\sigma}_{3f}$——破坏时有效大主应力和有效小主应力（kPa）；

σ_1、σ_3——大主应力和小主应力（kPa）；

u_f——破坏时孔隙水压力（kPa）。

6. 主应力差（$\sigma_1-\sigma_3$）与轴向应变 ε_1 关系曲线（图 2-1-4）：以主应力差为纵坐标，轴向应变 ε_1 为横坐标，绘制关系曲线，取曲线上主应力差的峰值作为破坏点，无峰值时，取15%轴向应变时的主应力差值作为破坏点。

7. 有效应力比$\frac{\sigma'_1}{\sigma'_3}$与轴向应变 ε_1 关系曲线（图 2-1-5）：以有效应力比$\frac{\sigma'_1}{\sigma'_3}$为纵坐标，轴向应变 ε_1 为横坐标，绘制关系曲线。

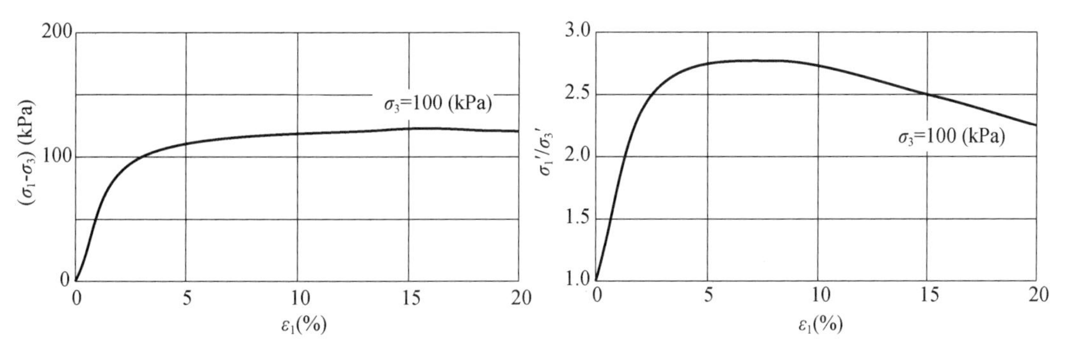

图 2-1-4　主应力差与轴向应变关系曲线　　　图 2-1-5　有效应力比与轴向应变关系曲线

8. 孔隙水压力 u 与轴向应变 ε_1 关系曲线（图 2-1-6）：以孔隙水压力 u 为纵坐标，轴向应变 ε_1 为横坐标，绘制关系曲线。

9. 固结不排水剪强度包线（图 2-1-6）：以剪应力 τ 为纵坐标，法向应力 σ 为横坐标，在横坐标轴以破坏时的$\frac{\sigma_{1f}+\sigma_{3f}}{2}$为圆心，以$\frac{\sigma_{1f}-\sigma_{3f}}{2}$为半径，绘制破坏总应力圆，并绘制不同周围压力下破坏应力圆的包线，包线的倾角为内摩擦角 φ_{cu}，包线在纵轴上的截距为黏聚力 C_{cu}。对于有效内摩擦角 φ'和有效黏聚力 C'，应以$\frac{\sigma'_{1f}+\sigma'_{3f}}{2}$为圆心，以$\frac{\sigma'_{1f}-\sigma'_{3f}}{2}$为半径绘制有效破坏应力圆确定。

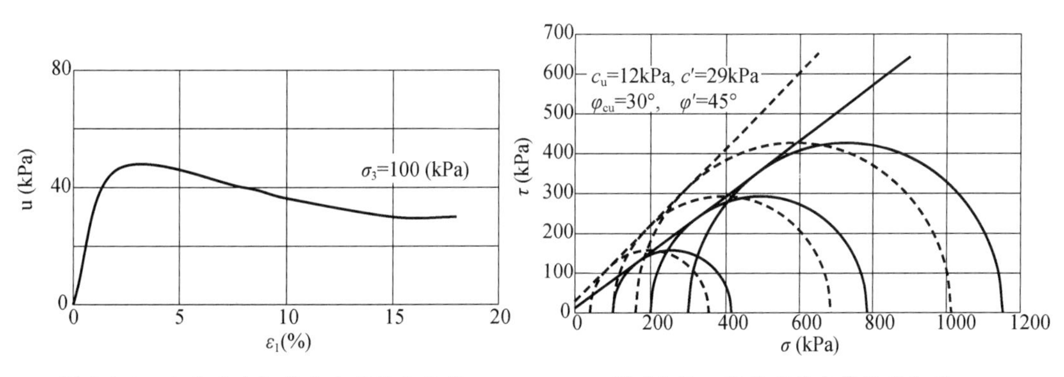

图 2-1-6　孔隙压力与轴向应变关系曲线　　　图 2-1-7　固结不排水剪强度包线

10. 有效应力路径曲线：若各应力圆无规律，难以绘制各应力圆强度包线，可按应力路径取值，即以$\frac{\sigma'_{1f}-\sigma'_{3f}}{2}$为纵坐标，以$\frac{\sigma'_{1f}+\sigma'_{3f}}{2}$为横坐标，绘制有效应力路径曲线并按下式计算有效内摩擦角 φ'和有效黏聚力 C'。

有效内摩擦角 φ'：

$$\varphi'=\arcsin(\tan\alpha) \tag{2-1-10}$$

有效黏聚力 C'：

$$C'=\frac{d}{\cos\varphi'} \tag{2-1-11}$$

式中 α——应力路径图上破坏点连线的倾角（°）；

d——应力路径图上破坏点连线在纵轴上的截距（kPa）。

11. 试验记录（表 2-1-1）

表 2-1-1 三轴试验结果记录表（固结不排水剪）

试验小组：＿＿＿＿＿　　试验人员：＿＿＿＿＿

试验日期：＿＿＿＿＿　　成　　绩：＿＿＿＿＿

（1）含水率

	试验前		试验后	
盒号				
湿土质量（g）				
干土质量（g）				
含水率（%）				
平均含水率（%）				

（2）密度

	试验前	试验后
试样高度（cm）		
试样体积（cm^3）		
试样质量（g）		
密度（g/cm^3）		
试样破坏描述		

（3）反压力饱和

周围压力（kPa）	反压力（kPa）	孔隙水压力（kPa）	孔隙压力增量（kPa）

（4）固结排水

周围压力＿＿＿＿kPa　反压力＿＿＿＿kPa　孔隙水压力＿＿＿＿kPa

经过时间（h，min，s）	孔隙水压力（kPa）	量管读数（mL）	排出水量（mL）

（5）不排水剪切

测力环系数________N/0.01mm　剪切速率______mm/min　周围压力________kPa

反 压 力________kPa　孔隙水压力________kPa　温　度________℃

轴向变形（0.01mm）	轴向应变 ε（%）	校正面积 $\frac{A_c}{1-\varepsilon}$（$cm^2$）	钢环读数（0.01mm）	$(\sigma_1-\sigma_3)$（kPa）	孔隙压力（kPa）	σ'_1（kPa）	σ'_3（kPa）	σ'_1/σ'_3	$\frac{\sigma'_1-\sigma'_2}{2}$（kPa）	$\frac{\sigma'_1+\sigma'_2}{2}$（kPa）

【思考题】

1. 三轴剪切试验的方法有哪些？
2. 三轴剪切试验的优缺点有哪些？
3. 实际工程中如何选择抗剪强度指标？
4. 三轴剪切试验中如何制备黏性土扰动土样？

第 2 章　固结试验

2-1　概　　述

【试验目的】

本试验用于测定饱和土的压缩性指标，包括土的压缩系数、压缩模量、固结系数等，为建筑物的沉降量及经历不同时间的固结度计算提供必备的计算参数。

2-2　标准固结试验

【试验原理】

标准固结试验是研究饱和土压缩性的基本方法。饱和土在压应力作用下，由于孔隙水的不断排出而引起的压缩过程称为固结。本试验是将土样放在压缩容器内，在有侧限的条件下施加压应力，观察土在不同压力下的压缩变形量，以测定土的压缩系数、压缩模量、固结系数、先期固结压力等有关土压缩性的指标，为工程设计提供计算的依据。

【仪器设备】

1. 固结容器，由环刀、护环、透水板、水槽、加压上盖组成，见图 2-2-1。
2. 加压设备：应能垂直地在瞬间施加各级规定的压力，且没有冲击力。
3. 百分表：量程 10mm，最小分度为 0.01mm。
4. 其它：秒表、滤纸、凡士林、削土刀、称量盒、烘箱等。

【试验步骤】

1. 在固结容器内放置护环、透水板和薄型滤纸，将带有试样的环刀放入护环内，放上导环，试样上依次放上薄型滤纸、透水板和加压上盖，并将固结容器置于加压框架正中，使加压上盖与加压框架中心对准，安装百分表。

注：滤纸和透水板的湿度应接近试样的湿度。

2. 施加 1kPa 的预压力使试样与仪器上下各部件之间接触，将百分表调零或测记初始读数。

3. 确定需要施加的各级压力，压力等级宜为 12.5kPa、25kPa、50kPa、100kPa、200kPa、400kPa、800kPa、1600kPa、3200kPa。第一级压力的大小视土的软硬程度而

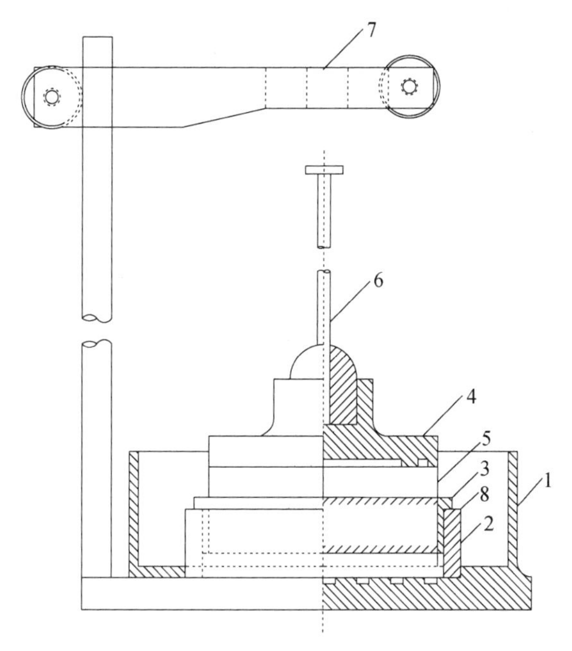

图 2-2-1　固结容器示意图

1—水槽；2—护环；3—环刀；4—加压上盖；5—透水石；6—量表导杆；7—量表架；8—试样

定，宜用 12.5kPa、25kPa 或 50kPa。最后一级压力应大于土的自重应力和附加应力之和。

4. 需要确定原状土的先期固结压力时，初始段的荷重率应小于 1，可采用 0.5 或 0.25。施加的压力应使测得的 $e \sim \log p$ 曲线下段出现直线段。对于超固结土，应进行卸压、再加压来评价其再压缩特性。

5. 对于饱和试样，施加第一级压力后应立即向水槽中注水浸没试样。

6. 测定沉降速率、固结系数时，施加每一级压力后宜按 6s、15s、1min、2min15s、4min、6min15s、9min、12min15s、16min、20min15s、25min、30min15s、36min、42min15s、49min、64min、100min、200min、400min、23h、24h 的时间顺序测记试样的高度变化，直至稳定为止。不需要测定沉降速率时，则施加每级压力后 24h 测定试样高度变化作为稳定标准。

7. 需要进行回弹试验时，可在某级压力下固结稳定后退压，直至退到要求的压力，每次退压 24h 后测定试样的回弹量。

8. 试验结束后，吸去容器中的水，迅速拆除仪器各部件，取出试样，测定含水率。

【试验结果整理及分析】

1. 按下式计算试样的初始孔隙比 e_0

$$e_0 = \frac{\rho_w d_s (1 + 0.01\omega_o)}{\rho_0} - 1 \qquad (2\text{-}2\text{-}1)$$

式中　d_s——土粒比重；

ρ_w——水的密度（g/cm^3）。

2. 按下式计算各级压力下试样压缩稳定后的单位沉降量 s_i。

$$s_i = \frac{\sum \Delta h_i}{h_0} \times 10^3 \tag{2-2-2}$$

式中 s_i——单位沉降量（mm/m）；

$\sum \Delta h_i$ ——某级压力下试样压缩稳定后的总变形量（mm）；

h_0——试样的初始高度（mm）。

3. 按下式计算各级压力下试样压缩稳定后的孔隙比 e_i

$$e_i = e_0 - \frac{1+e_o}{h_o}\Delta h_i \tag{2-2-3}$$

式中 e_i——各级压力下试样压缩稳定后的孔隙比。

4. 某一压力范围内的压缩系数 a_v，应按下式计算

$$a_v = \frac{e_i - e_{i+1}}{p_{i+1} - p_i} \tag{2-2-4}$$

式中 p_i——某级压力值；

e_i——i 级压力下压缩稳定后试样的孔隙比。

5. 某一压力范围内的压缩模量 E_s，应按下式计算

$$E_s = \frac{1+e_0}{a_v} \tag{2-2-5}$$

式中 e_0——初始孔隙比。

6. 压缩指数 C_c 和回弹指数 C_s，应按下式计算

$$C_s = \frac{e_i - e_{i+1}}{\log p_{i+1} - \log p_i} \tag{2-2-6}$$

7. 绘制 $e \sim p$ 压缩曲线于图 2-2-2 中。

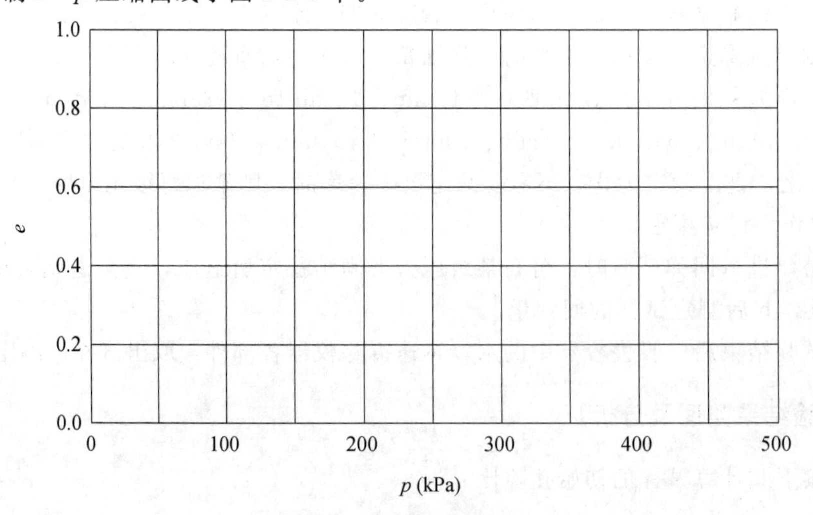

图 2-2-2　$e \sim p$ 曲线

8. 绘制 $e \sim \log p$ 压缩曲线于图 2-2-3 中。

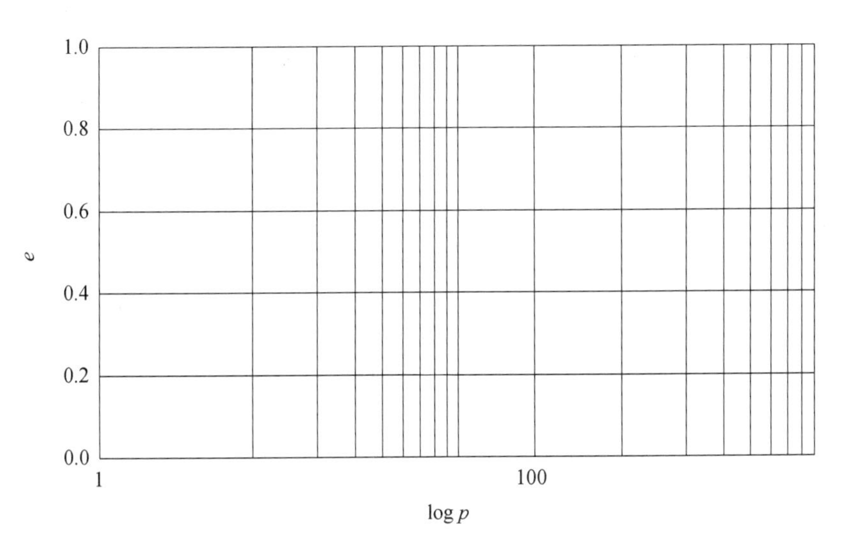

图 2-2-3 $e \sim \log p$ 曲线

表 2-2-1 标准固结试验结果记录表（1）

试验小组：__________ 试验人员：__________

试验日期：__________ 成　　绩：__________

含水率测定	盒质量（g）	盒＋湿土质量（g）	盒＋干土质量（g）	水质量（g）	干土质量（g）	含水率（%）	平均含水率（%）
密度测定	环刀高（cm）	环刀容积（cm^3）	环刀质量＋土质量（g）	环刀质量（g）	土质量（g）	密度（g/cm^3）	重度（kN/m^3）
土粒相对密度			试样初始孔隙比				

表 2-2-2 标准固结试验记录表（2）

试验小组：__________ 试验人员：__________

试验日期：__________ 成　　绩：__________

压力（kPa）/ 加压时间（min）										
	时间	变形读数	时间	变形读数	时间	变形读数	时间	变形读数	时间	变形读数
0										
0.1										
0.25										
1										
2.25										

续表

压力（kPa） 加压时间（min）										
	时间	变形读数	时间	变形读数	时间	变形读数	时间	变形读数	时间	变形读数
4										
6.25										
9										
12.25										
16										
20.25										
25										
30.25										
36										
42.25										
49										
64										
100										
200										
23h										
24h										
总变形量（mm）										
仪器变形量（mm）										
试样总变形量（mm）										

【思考题】

1. 什么是土的固结？
2. 土的压缩性指标有哪些？
3. 室内外测定压缩性指标的方法有哪些？
4. 如何保证加压设备的垂直加压？
5. 饱和试样上下为何放透水石？

第3章 黄土湿陷试验

3-1 概 述

【试验目的及方法】

黄土湿陷是黄土在一定的压力、浸水及渗流的长期作用下，产生压缩、湿陷及渗透溶滤变形的全过程。湿陷试验是探求黄土湿陷性的重要手段。

目前常用的湿陷试验方法有三种：

1. 室内浸水试验。试验目的是确定压力与湿陷变形之间的关系，测定湿陷特征指标，为黄土的湿陷性评价和湿陷变形计算提供依据。

2. 现场试坑浸水试验。试验目的是测定现场天然自重湿陷性黄土层浸水湿陷变形，了解湿陷变形的规律，并为场地湿陷性评价提供依据。

3. 现场浸水荷载试验。试验目的是确定压力与地基湿陷变形的关系，并为求取湿陷起始压力提供依据。

实验室采用的室内浸水试验。

3-2 黄土室内浸水试验

【试验要求】

本试验方法适用于各种黄土类土。根据工程要求，可分别测定黄土的湿陷系数、自重湿陷系数和湿陷起始压力。进行本试验时，从同一土样中制备的试样，其密度的允许差值为 0.03g/cm^3。试验所用的滤纸及透水石的湿度应接近试样的天然湿度。

黄土湿陷试验的变形稳定标准为每小时变形不大于 0.01mm。

【试验仪器】

1. 固结容器：由环刀、护环、透水板、水槽、加压上盖组成（图 2-3-1）。

2. 加压设备：应能垂直地在瞬间施加各级规定的压力，且没有冲击力，压力准确度应符合现行国家标准《土工仪器的基本参数及通用技术条件》（GB/T 15406）的规定。

3. 变形量测设备：量程 10mm，最小分度值为 0.01mm 的百分表。

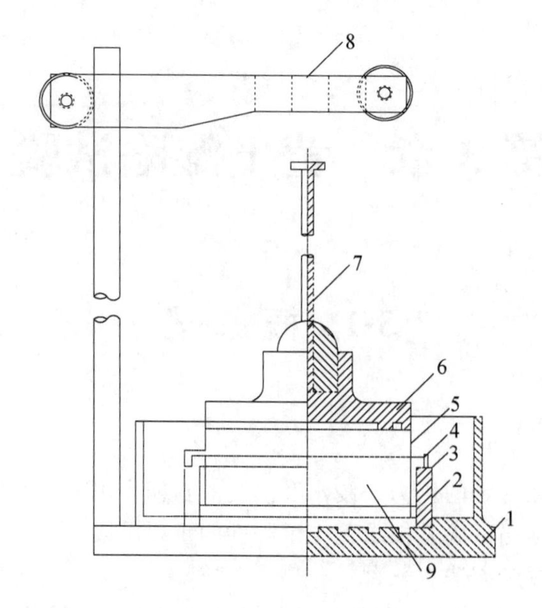

图 2-3-1 固结仪示意图

1—水槽；2—护环 3—环刀；4—导环；5—透水板；

6—加压上盖；7—位移计导杆；8—位移计导架；9—试样

试验 1 湿陷系数试验

【试验原理和方法】

按试验中需绘压缩曲线的数量，侧限浸水压缩试验的试验方法可分为单线法和双线法。国外也有采用联合法的。

1. 单线法的试验原理：在同一取土点的同一深度，至少取 5 个环刀试样，然后在侧限压缩仪上对试样进行逐个试验。试验方法是，将置放在压缩仪上的试样，分级加荷至给定压力（各试样的给定压力不同），待压缩稳定后浸水，直至湿陷稳定。记录压力与变形。用式（2-3-1）计算相对湿陷量（即湿陷系数）δ_s，式中 h_p 和 h_p' 等于试样的原始高度减去相对的绝对变形量。

这样，便可求得压力 p 与相对湿陷量 δ_s 各相对应的一组数据。据此，便可在以压力为横坐标、相对湿陷量为纵坐标的直角坐标图上，绘制出压力与相对湿陷量之间的关系曲线，即 $p—\delta_s$ 湿陷曲线，参见图 2-3-2。

因上述试验只绘制一条压缩曲线（指湿陷曲线），故称为单线法。

建筑物的天然湿陷性黄土地基在使用过程中遇到意外浸水的情况，与单线法的试验条件是相似的，这说明单线法在某种程度上能反映在建筑物使用过程中天然地基的工作条件，故可用于工作中的天然地基。

2. 双线法的试验原理：在同一取土点的同一深度处，取 2 个环刀试样。一个试样

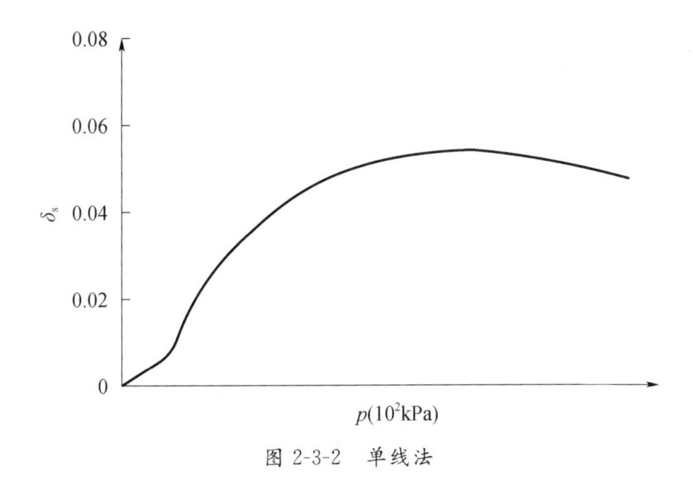

图 2-3-2　单线法

在侧限压缩仪上进行普通压缩试验。另一个试样在侧限压缩仪上进行浸水压缩试验；其方法是，先加第一级荷载，待压缩稳定后浸水，至湿陷稳定，然后再在浸水状态下分级荷载。

据第一个试样的试验结果，绘制 $p-h_p$ 压缩曲线；据第二个试样的试验结果，绘制 $p-h_p{}'$ 压缩曲线（参见图 2-3-3）。

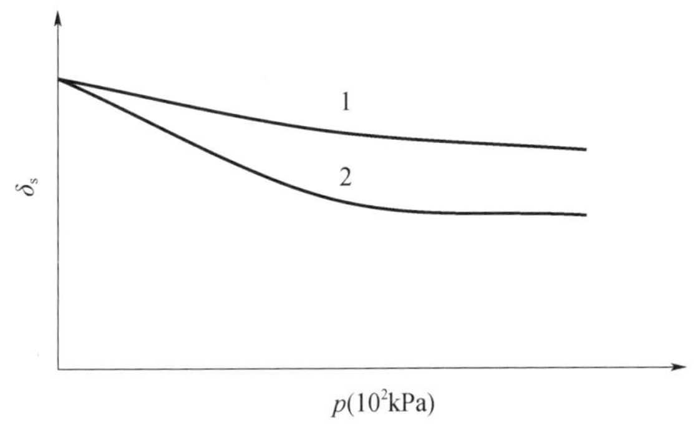

图 2-3-3　双线法的压缩曲线

因这种湿陷试验需绘两条压缩曲线，故称为双线法。双线法的优点是试验所用试样较少。缺点是不能模拟工作过程中的地基，其试验条件与预湿地基相似，故可用于湿地基中。

研究表明，双线法与单线法试验结果的差异，与黄土的塑性指数 I_p 有关，当 $I_p \leqslant 13$ 时，二者的试验结果是一致的，当 $I_p > 13$ 时，双线法测定的 δ_s 值稍低。这说明，当 $I_p \leqslant 13$ 时，不管地基属于什么情况，单线法和双线法均可使用；而当 $I_p > 13$ 时，则应根据具体情况选用试验方法。鉴于湿陷性黄土的塑性指标一般都不大于 13，故在一般情况下，单线法和双线法均可使用。

尚需说明的是，如果只测定某一压力下的湿陷系数，只要把天然状态的试样，分级加荷载至给定压力，待压缩稳定后浸水，直至湿陷稳定，然后按式（2-3-1）计算出湿陷系数就可，无需再绘 $p-\delta_s$ 曲线，当然也就无单线法和双线法可言了。

【试验要求】

据《黄土规范》（GB 50025—2004），用侧限浸水压缩试验测定湿陷系数 δ_s、自重湿陷系数 δ_{zs} 和湿陷起始压力 p_{sh} 时，应符合下列要求：

1. 试验所用环刀的面积，不应小于 50cm^2，透水石应烘干冷却。

2. 测定湿陷系数时，应将环刀试样保持在天然湿度下，分级加荷载至给定压力，下沉稳定后浸水，至湿陷稳定为止。分级加荷的标准：在 0～200kPa 压力以内，每级增重为 50kPa；在 200kPa 压力以上，每级增重为 100kPa。

3. 测定自重湿陷系数时，应将环刀试样保持在天然湿度下，采取快速分级加荷，加至试样上覆土的饱和自重压力，下沉稳定后，试样浸水饱和，至湿陷稳定为止。

4. 测定不同压力下的湿陷系数或湿陷起始压力时，可以在单线法和双线法中任选一种，分级加荷的标准：在 0～150kPa 压力以内，每级增重量为 25～50kPa；在 150kPa 以上，每级增重量为 50～100kPa。

5. 每级加荷后和快速分级加荷最后一级的下沉稳定标准是，每隔 1h 的下沉量不大于 0.01mm。

【试验步骤】

1. 原状试样制备

（1）将土样筒按标明的上下方向放置，剥去蜡封和胶带，开启土样筒取出土样。检查土样结构，当确定土样已受扰动或取土质量不符合规定时，不应制备力学性质试验的试样。

（2）根据试验要求用环刀切取试样时，应在环刀内壁涂一薄层凡士林，刃口向下放在土样上，将环刀垂直下压，并用切土刀沿环刀外侧切削土样，边压边削至土样高出环刀，根据试样的软硬采用钢丝锯或切土刀整平环刀两端土样，擦净环刀外壁，称环刀和土的总质量。在同一取土点取 5 个环刀试样。

（3）从余土中取代表性试样测定含水率。比重、颗粒分析、界限含水率等项试验的取样，应按土工试验标准规定进行（对均质和含有机质的土样，宜采用天然含水率状态下代表性土样，供颗粒分析、界限含水率试验。对非均质土应根据试验项目取足够数量的土样，置于通风处凉干至可碾散为止。对砂土和进行比重试验的土样宜在 105～110℃ 温度下烘干，对有机质含量超过 5%的土，含石膏和硫酸盐的土，应在 65～70℃ 温度下烘干）。

（4）切削试样时，应对土样的层次、气味、颜色、夹杂物、裂缝和均匀性进行描述，对低塑性和高灵敏度的软土，制样时不得扰动。

2. 装样

（1）在固结容器内放置护环、透水板和薄型滤纸，将带有试样的环刀装入护环内，放上导环、试样上依次放上薄型滤纸、透水板和加压上盖，并将固结容器置于加压框架正中，使加压上盖与加压框架中心对准，安装百分表或位移传感器。

（2）施加 1kPa 的预压力使试样与仪器上下各部件之间接触，将百分表或传感器调整到零位或测读初读数。

3. 确定需要施加的各级压力，压力等级宜为 50kPa、100kPa、150kPa、200kPa，大于200kPa后每级压力为100kPa。最后一级压力应按取土深度而定；从基础底面算起至10m深度以内，压力为200kPa；10mm以下至非湿陷土层顶面，应用其上覆土的饱和自重压力（当大于300kPa时，仍应用300kPa）。当基底压力大于300kPa时（或有特殊要求的建筑物），宜按实际压力确定。

4. 施加第一级压力后，每隔1h测定一次变形读数，直至试样变形稳定为止。

5. 试样在第一级压力下变形稳定后，施加第二级压力，如此类推。试样在规定浸水压力下变形稳定后，向容器内自上而下或自下而上注入纯水，水面宜高出试样顶面，每隔1h测记一次变形读数，直至试样变形稳定为止。

6. 测记试样浸水变形稳定读数后，吸去容器中的水，迅速拆除仪器各部件，取出整块试样，测定含水率。

【试验结果整理及分析】

1. 湿陷系数的计算式为

$$\delta_s=\frac{h_p-h_p{}'}{h_0} \tag{2-3-1}$$

式中　δ_s——湿陷系数，无量纲；

h_o——试样的原始高度，mm；

h_p——在某级压力下，试样变形稳定后的高度，mm；

$h_p{}'$——在某级压力下，试样浸水湿陷变形稳定后的高度，mm。

2. 湿陷系数试验的记录格式见表2-3-1。

表2-3-1　黄土湿陷系数试验结果记录

试验小组________　试样含水率________　试验人员________

试样编号________　试样密度________　试验方法________

仪器编号________　土粒相对密度________　试样初始高度________mm

压力（kPa）											浸水湿陷	
变形读数（mm）	时间	读数	时间	读数	时间	读数	时间	读数	时间	读数	时间	读数
总变形量												
仪器变形量												
试样变形量												
试样高度												
	自重湿陷系数 $\delta_{zs}=\frac{h_z-h_z{}'}{h_0}$						湿陷变形系数 $\delta_s=\frac{h_1-h_2}{h_0}$					

试验 2　自重湿陷系数试验

【试验步骤】

1. 试样制备同湿陷系数试验试样的制备。

2. 施加土的饱和自重压力，当饱和自重压力小于、等于 50kPa 时，可一次施加；当压力大于 50kPa 时，应分级施加，每级压力不大于 50kPa，每级压力时间不少于 15min，如此连续加至饱和自重压力。加压后每隔 1h 测记一次变形读数，直至试样变形稳定为止。

3. 向容器内注入纯水，水面应高出试样顶面，每隔 1h 测记一次变形读数，直至试样浸水变形稳定为止。

4. 测记试样变形稳定读数后，同湿陷系数的测定步骤拆卸仪器及试样。

【试验结果整理及分析】

1. 自重湿陷系数，按下式计算

$$\delta_s = \frac{h_z - h_z'}{h_0} \tag{2-3-2}$$

式中　δ_{sz}—自重湿陷系数，无量纲；

h_z——在饱和自重压力下，试样变形稳定后的高度，mm；

h_z'——在饱和自重压力下，试样浸水湿陷变形稳定后的高度，mm。

2. 自重湿陷系数试验的记录格式见表 2-3-2。

表 2-3-2　黄土湿陷性试验结果记录（自重湿陷系数）

试验小组＿＿＿＿＿＿＿＿　　　　试验人员＿＿＿＿＿＿＿＿

试样编号＿＿＿＿＿＿＿＿　　　　试验日期＿＿＿＿＿＿＿＿

试样编号＿＿＿＿＿＿＿＿　　　　环　刀　号＿＿＿＿＿＿＿＿

仪 器 号＿＿＿＿＿＿＿＿　　　　试样初始高度＿＿＿＿＿＿＿＿

<table>
<tr><td colspan="8">饱和自重压力计算</td><td colspan="3">试验测试</td></tr>
<tr><td rowspan="3">层数</td><td rowspan="2">密度（g/cm^3）</td><td rowspan="2">含水率（%）</td><td rowspan="2">比重</td><td rowspan="2">孔隙率（%）</td><td rowspan="2">饱和密度（g/cm^3）</td><td rowspan="2">层厚（m）</td><td rowspan="2">土层自重（kPa）</td><td rowspan="2">经过时间（min）</td><td colspan="2">百分表读数（mm）</td></tr>
<tr><td>自重压力（kPa）</td><td>浸水</td></tr>
<tr><td>（1）</td><td>（2）</td><td>（3）</td><td>$(4)=1-\frac{(1)}{(3)\times[1+(2)]}$</td><td>$(5)=\frac{(1)}{1+(2)}+\rho_w\times(4)$</td><td>（6）</td><td>$(7)=9.81\times(6)\times(5)$</td><td>（8）</td><td>（9）</td><td>（10）</td></tr>
<tr><td rowspan="2"></td><td rowspan="2"></td><td rowspan="2"></td><td rowspan="2"></td><td rowspan="2"></td><td rowspan="2"></td><td rowspan="2"></td><td rowspan="2"></td><td></td><td></td><td></td></tr>
<tr><td>稳定读数</td><td></td><td></td></tr>
<tr><td colspan="6">自重压力（kPa）Σ（7）</td><td colspan="2"></td><td colspan="2">自重湿陷系数</td><td></td></tr>
</table>

试验 3　湿陷起始压力试验

【试验步骤】

1. 试样制备同湿陷系数试验试样的制备。单线法切取 5 个环刀试样，双线法切取 2 个环刀试样。

2. 单线法试验：对 5 个试样均在天然湿度下分级加压，分别加至不同的规定压力，同湿陷系数试验，直至试样湿陷变形稳定为止。

3. 双线法试验：一个试样在天然湿度下分级加压，直至湿陷变形稳定为止；另一个试样在天然湿度下施加第一级压力后浸水，直至第一级压力下湿陷稳定后，再分级加压，直至试样在各级压力下浸水变形稳定为止。压力等级同湿陷系数双线法试验。

4. 测记试样变形稳定读数后，同湿陷系数的测定步骤拆卸仪器及试样。

【试验结果整理及分析】

1. 各级压力下的湿陷系数，按下式计算

$$\delta_{sp}=\frac{h_{pn}-h_{pw}}{h_0} \tag{2-3-3}$$

式中　δ_{sp}——自重湿陷系数，无量纲；

h_{pn}——在各级压力下，试样变形稳定后的高度，mm；

h_{pw}——在各级压力下，试样浸水湿陷变形稳定后的高度，mm；

2. 以压力为横坐标，湿陷系数为纵坐标，绘制压力与湿陷系数关系曲线，宜取湿陷系数为 0.015 对应的压力为湿陷起始压力，见图 2-3-4。

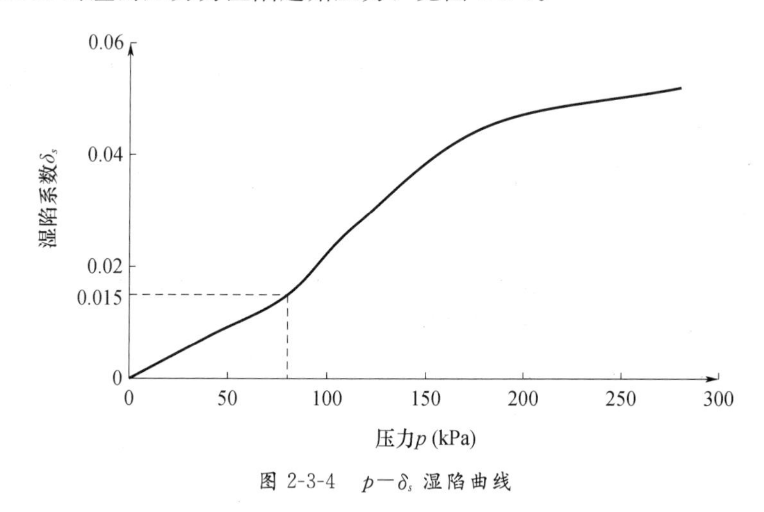

图 2-3-4　$p-\delta_s$ 湿陷曲线

3. 湿陷起始压力试验的记录格式见表 2-3-3。

表 2-3-3　黄土湿陷试验结果记录（湿陷起始压力）

试验小组＿＿＿＿＿＿＿＿　　　　试验人员＿＿＿＿＿＿＿＿

试样编号＿＿＿＿＿＿＿＿　　　　试验日期＿＿＿＿＿＿＿＿

试样编号：	环刀号：　试样初始高度：　(mm)							环刀号：　试样初始高度：　(mm)						
经过时间 (min)	天然状态　仪器号：							浸水状态　仪器编号：						
	50 (25) (kPa)	100 (50) (kPa)	150 (75) (kPa)	200 (100) (kPa)	250 (150) (kPa)	300 (200) (kPa)	浸水	50 (25) (kPa)	浸水	100 (50) (kPa)	150 (75) (kPa)	200 (100) (kPa)	250 (150) (kPa)	300 (200) (kPa)
	百分表读数（mm）							百分表读数（mm）						
仪器变形量														
试样变形量														
湿陷系数														

【试验说明】

1. 取样时采取不扰动土样，必须保持其天然的湿度、密度和结构，并应符合Ⅰ级土样质量的要求。在探井中取样，竖向间距宜为 1m，土样直径不宜小于 120mm；在钻孔中取样，应严格按 GB 50025—2004 规范附录 D 的要求执行。取土勘探点中，应有足够数量的探井，其数量应为取土勘探点总数的 1/3～1/2，并不宜少于 3 个。探井的深度宜穿透湿陷性黄土层。

2. 试验组数按实际黄土层厚度决定。每组试样即同一取土点的土样要保证至少可以取 5 个环刀试样。

3. 湿陷试验采用单线法。

【思考题】

1. 试验所用的滤纸及透水石的湿度为何应接近试样的天然湿度？

2. 试验中各级荷载稳定的标准是什么？

3. 如何计算土体的饱和自重压力？

第 3 部分

设计性试验

【试验要求】

本部分试验为研究生选做试验。学生可结合自己的研究方向选做相应的试验，试验完成后以科技论文的形式提交试验报告。

【试验内容】

1. k_0 固结试验；
2. 应力路径试验；
3. 非饱和土强度特性试验；
4. 动荷载作用下黄土的动强度参数测定。

【试验仪器】

本部分试验所用试验仪器为英国GDS标准应力路径试验系统（也可采用TFB－1非饱和土应力应变控制式三轴仪或SLB－1型应力应变控制式三轴剪切渗透仪，详细操作说明见附录）及动三轴试验系统DYNTTS（GDS设备操作方法参考仪器说明书）。

GDS标准应力路径试验系统（图3-1-1）包括软件、Bishop&Wesley型液压三轴压力室和标准型压力控制器（包括一个轴向应力和轴向位移控制器、一个围压控制器、一个反压和体积变化量测控制器），所有的数据采集装置均内置在系统中，系统可通过实时显示的图形控制试验，数据处理通过软件来完成。该试验系统可完成B检测试验、等变饱和试验、各向同性/各向异性固结试验、普通三轴试验、低频循环加载试验及应力路径试验。

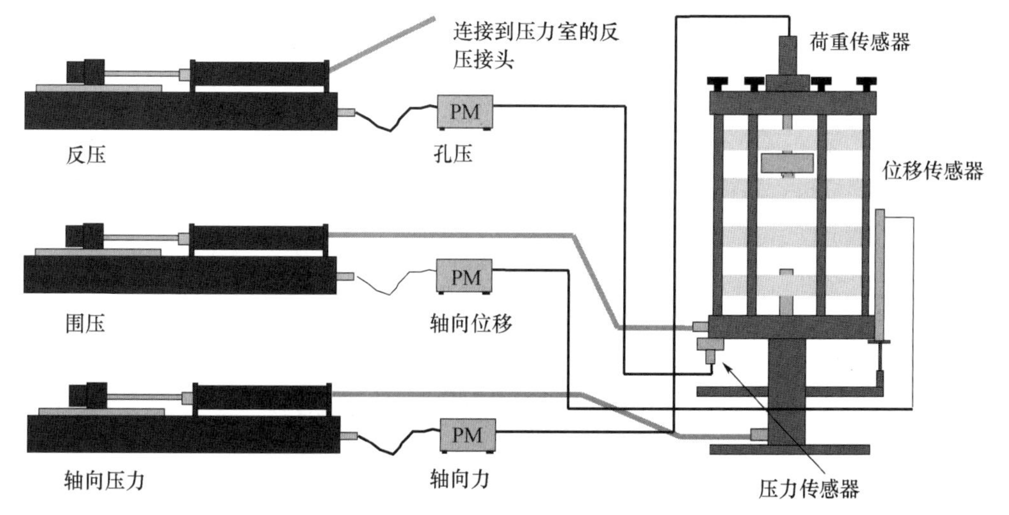

图3-1-1 GDS标准应力路径试验系统示意图

GDS动态三轴试验系统（DYNTTS）系统（图3-2、图3-3）主要包括以下几个子系统：1. 驱动装置、压力室罩和平衡锤；2. 围压控制器；3. 反压控制器；4. 信号调节装置；5. 数据采集系统。

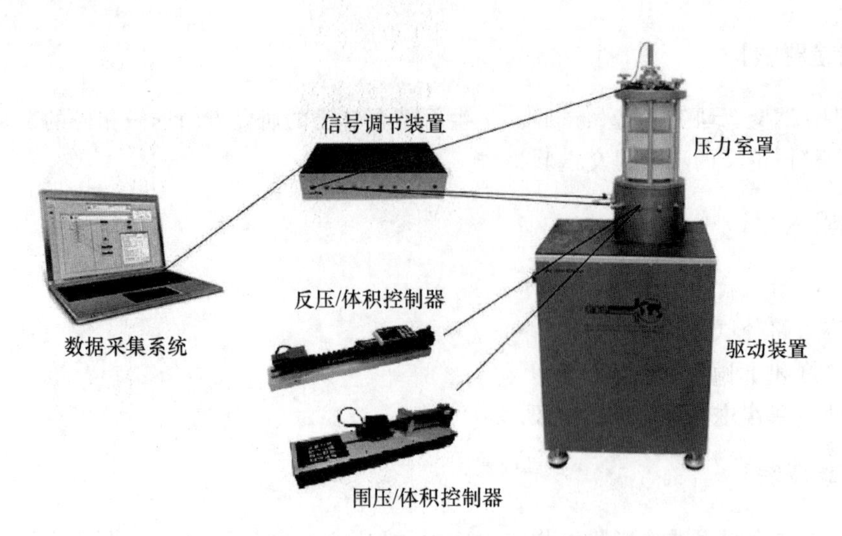

图 3-2　GDS 动态三轴试验系统示意图

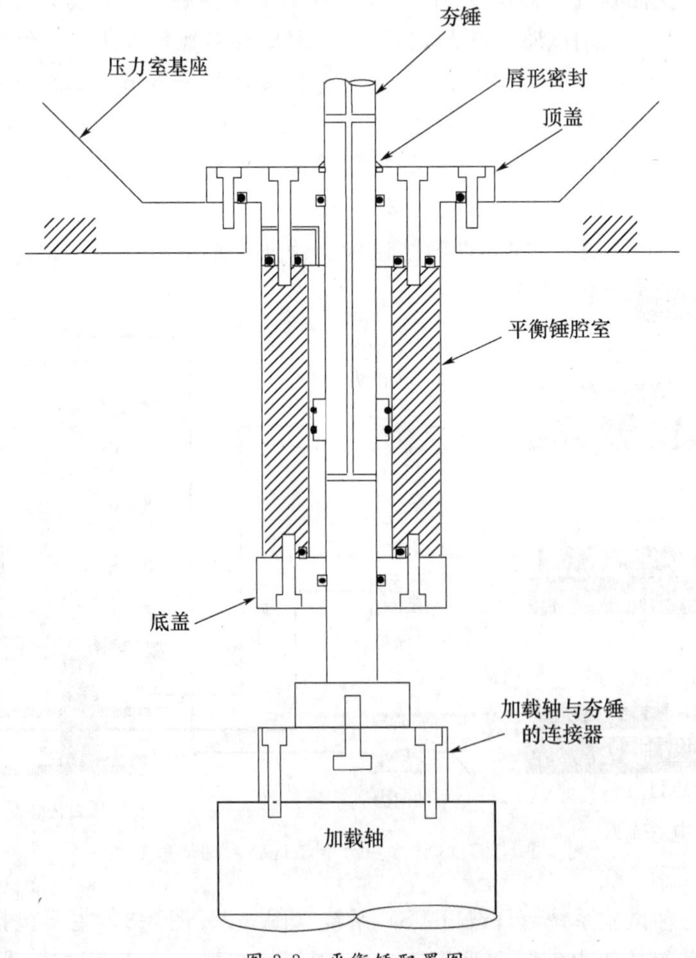

图 3-3　平衡锤配置图

附录1 TFB-1非饱和土应力应变控制式三轴仪操作指南

【仪器简介】

TFB-1型非饱和土应力应变控制式三轴仪（图附录1-1）可以对饱和土和非饱和土进行等应力、等应变控制的三轴试验。饱和土的三轴试验的项目有UU试验、CU试验、CD试验、不等向固结试验、等向固结试验、K0试验、应力路径试验和应力控制试验，针对非饱和土可测定土体的基质吸力、进行控制基质量吸力的UU、CU、CD三轴试验。仪器各部分采用单片机控制，能够独立工作，单片机由计算机软件进行控制，完成数据采集。计算机与单片机之间采用多路通信方式，进行数据交换，完成各项功能要求。各控制器可以根据PC机的指令，将实验过程中的数据传输给计算机，计算机实时绘制曲线，保存数据。

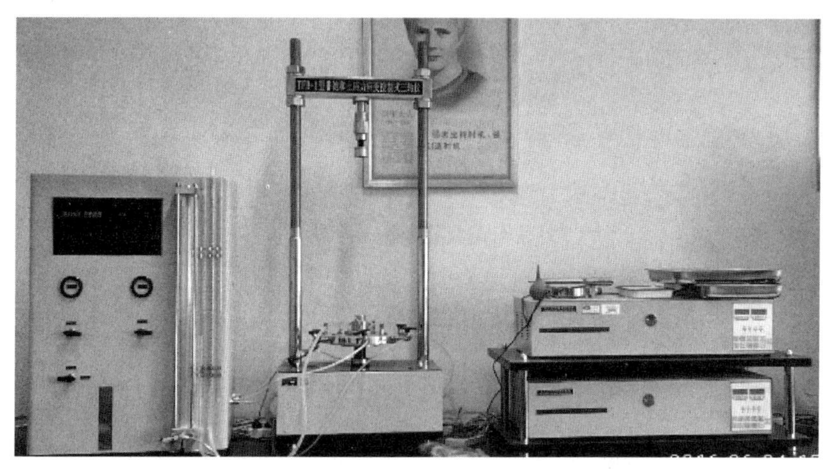

图附录1-1 TFB-1型非饱和土应力应变控制式三轴仪

1. 三轴试验数据采集软件使用

（1）非饱和土应力应变控制式三轴剪切渗透试验软件的安装后，在计算机的拷贝的文件夹中点击TFB. EXE，弹出下列界面（图附录1-2）。

（2）点击设置（S），再点击通信参数设定选择串口，并按确定。如果长通信线接至PC机的COM1口，则按确定即可；如果长通信线接至PC机的COM2口，则按COM2的无线电按钮，再按确定即可（图附录1-3）。

（3）点击**文件（F）**，再点击**新建工程**，弹出下列菜单。设定“工程编号”、“工程名称”、“土样编号”、“土样初始直径”、“土样初始高度”等项目，并按**确定**，如图附录1-4所示（上述参数必须输入，土样编号可以输入一个）。工程编号可以以日期作为文件名，不能出现“：、－/”等符号。

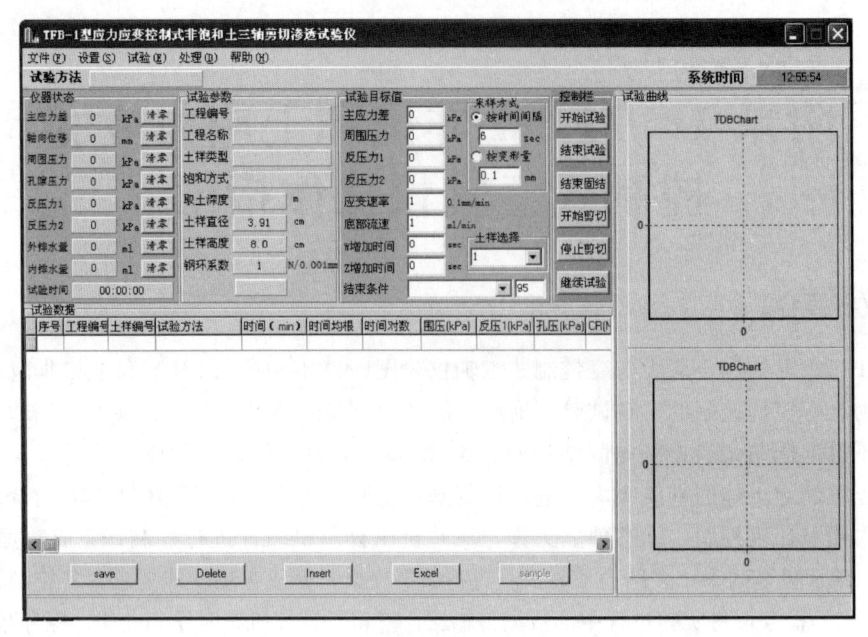

图附录 1-2

图附录 1-3

新建工程

工程编号		饱和方法	
工程名称		土样简述	
土样编号	1 2	试验日期	2006-10-30
	3 4	取土深度	m
土样类型		环境温度	25 ℃
土样初始直径	3.91 cm	试验者	
土样初始含水率	50 %	计算者	
土样初始高度	8.0 cm	校核者	
	确定		退出

图附录 1-4

（4）点击**试验方法（M）**，选择试验方法，即可进入各种试验。

【试验前的准备及检查】

1. 根据试验要求，熟悉本试验各阀门的功能，向压力室注水、施加周围压力的管路流向、施加反压力 1（进气值）的压力流向、如何冲刷陶土板、土体排水的流行。

2. 确定本试验的设定周围压力值、反压力值（进气值）、主应力值、应变速率、排水压力（反压力 2）、试验方法及试验步骤。

3. 陶土板饱和。一般采用压力饱和方式。即压力室在不装样注满无气水的条件下，施加围压，陶土板底部处于排水状态，待水管中无气体溢出时，陶土板饱和完成。

4. 按要求制备所需饱和试样（39.1mm×80mm），将试样抽真空饱和 7d 左右（通常抽真空 3 次左右，每隔 1d 抽 1h 左右的真空，以确保试样的饱和度接近试验要求）；待 7d 后，取出试样，将试样从饱和器内取出，取土时要切记不能损坏试样的完整性，取样方法：将土样从饱和器内取出，然后在土样的上下各放置一块透水石，一只手按住透水石，另一只手从下往上顺势托起饱和器的 1/3，然后依次从下往上托起饱和器的其它部分，这样便可完好地将土样从饱和器内取出。土样取出后，在土样上放置一片滤纸和透水石，同时在土样四周紧贴 4 张被水浸湿的滤纸条（渗透试验除外）。最后，将乳胶膜紧贴承膜筒，用橡胶吸球将乳胶膜与承膜筒之间的空气吸尽，再将乳胶膜套到土样上，等待试验。

5. 非饱和土装样前，应该冲刷陶土板底部的通道，进行排气操作，关闭排水阀。使用湿毛巾擦拭陶土板，土体直接接触陶土板，中间不能加滤纸或透水石；土样顶部可以添加透水石，装上加压帽。

6. 试样安装完毕，将压力室有机玻璃罩放在压力室底座上，将压力室上罩套上，注意 O 型圈的安装，用螺母固紧。松开压力室上部的排气螺钉，转动压力室下部的围压阀与周围压力控制器的储水瓶相通。开启周围压力控制器左侧的气源开关，将进水阀处于进水位置，则控制器内的储水瓶中的水注入压力室内。当水满出压力室时，将压力室上的围压阀切换到施加围压状态，等待施加周围压力。将周围压力控制柜的进水阀切换到排水位置，拧紧压力室顶部的排气螺钉。

7. 各控制器通电，预热 10～20min。

试验 1　固结不排水试验（CU 试验）

【试验原理】

1. 饱和土 CU 试验原理

饱和土 CU 试验经历饱和度、固结、剪切试验三个阶段。饱和度试验是给土样施加恒定的周围压力，测量孔隙水压力，计算土体的饱和度；固结阶段是测定土样的排水量及孔隙水压力消散过程。达到固结要求后，在不排水的条件下，以恒定的应变速率对土样进行剪切，测量土样抵抗抗剪切破坏的能力。

2. 非饱和土 CU 试验原理

非饱和土 CU 试验经历初始基质吸力测定、土水平衡、剪切三个阶段。在不排水、施加周围压力及进气值的条件下测量孔隙水压力，完成初始基质吸力的测定；土水平衡阶段是通过控制试样底部陶土板的排水，测定排水量，直至排水稳定；土水平衡后，在不排水不排气的条件下，以恒定的应变速率对土样进行剪切，测量土样抵抗抗剪切破坏的能力。

【试验参数设定及控制】

通过数据采集软件设定目标周围压力、应变速率、反压力 2、进气值等试验参数，软件界面上显示实际的周围压力、孔隙水压力值、孔隙气压力、主应力差、土样外体积变化、土样排水量。固结试验开始后，按固结时间序列记录数据，剪切阶段**变形**记录数据。显示主应力差与轴向应变、有效应力与轴向应变、孔隙水压力与轴向变形以及轴向应变与时间等曲线。CU 试验终止条件：(1) 最小孔隙水压力达到设定值；(2) 最大主应力差达到设定值；(3) 最大应变量达到设定值；(4) 试验时间达到设定值。一般选择最大应变量达到设定值为结束条件。

【试验步骤】

1. 按《土工试验规程》中三轴试验的要求装样。非饱和土装样前，应该冲刷陶土板底部的通道，进行排气操作，关闭排水阀。使用湿毛巾擦拭陶土板，土体直接接触陶土板，中间不能加滤纸或透水石；土样顶部可以添加透水石，装上加压帽。饱和土三轴试验，装样过程中应使用排水管排除测量孔隙压力管路和排水管路内的空气，装样过程中避免外部空气进入土样内部。

装样结束后，设定工程编号、土样编号、土样直径及高度，设定周围压力、进气值、应变速率等控制参数。启动三轴试验采集处理软件后，在**仪器状态**一栏中，点击各清零键对周围压力、孔隙压力、轴向位移、主应力差、反压力 1、外排水量等清零。

2. 在**试验方法**在选择 CU 试验，选择土样编号，选择试验结束条件和条件参数。

3. 点击**开始试验**，进入“CU－固结”阶段，软件自动启动围压和进气压力。非饱和试验时，开启进气阀。测定孔隙水压力，观察孔隙水压力的变化，饱和土待孔隙水压力稳定后，进入固结阶段。

4. 启动反压力 2 控制，固结（土水平衡）开始，软件按固结时间序列记录数据。

5. 固结结束，点击结束固结，关闭排水阀和进气阀，进入“CU－剪切”阶段，软件按变形记录数据。试验过程中，计算机自动显示主应力差与轴向应变、有效主应力比轴向应变、孔隙压力与轴向应变、轴向应变与时间等曲线。

6. 一旦试验条件满足结束条件时，计算机弹出一对话框，请结束试验，如果不想结束试验，则关闭此对话框，计算机不再提示，直至重新设定结束参数；如果按是，则计算机自动停止各控制器，如果无暇顾及此提示，计算机在 2min 后自动停止各控制器。

试验 2　K0 固结试验

【试验原理】

通过定时增加设定的周围压力增量，测量径向变形，控制主应力差，以保持径向变形维持在一定的误差范围内。通过计算机设定围压增量 $\Delta\sigma_3$、主应力差增量 $\Delta(\sigma_1-\sigma_3)$、围压增加时间（W 增加时间）、径向变形 ε_r 以及主应力差增加时间（Z 增加时间）等参数，并传输至各控制器进行 K0 试验。试验过程中，计算机荧屏实时显示围压、主应力差与时间的关系曲线、径向变形与时间的曲线，轴向变形与时间的关系曲线、K0 值与时间的关系曲线。

【试验参数设定及控制】

试验参数通过软件进行设定，有围压增量 $\Delta\sigma_3$、围压增加时间（W 增加时间）、径向应变 ε_r、主应力差增量 $\Delta(\sigma_1-\sigma_3)$、主应力差增加时间（$Z$ 增加时间）、反压力 2 等。在软件界面上显示实际的周围压力、孔隙水压力值、主应力差、土样排水量。试验开始后，按变形量记录数据。计算机自动显示径向应变与时间、围压、主应力差与时间、轴向应变与时间等曲线。K0 试验终止条件：（1）最大主应力差达到设定值；（2）最大变形量设达到定值；（3）最大围压达到设定值；（4）试验时间达到设定值。

【试验步骤】

1. 装样，同三轴试验。装样结束后设定工程编号、土样编号、土样直径及高度，设定围压增量 $\Delta\sigma_3$、围压增加时间（W 增加时间）、径向应变 ε_r、主应力差增量 $\Delta(\sigma_1-\sigma_3)$、主应力差增加时间（$Z$ 增加时间）、反压力 2 等控制参数。启动三轴试验采集处理软件后，在**仪器状态**一栏中，点击各清零键对周围压力、孔隙压力、轴向位移、主应力差、反压力 2、土样排水排水量等清零。

2. 在**试验方法**中选择 K0 试验，选择土样编号，选择试验结束条件和条件参数。

3. 由于采用反压 2 单元进行土体体积变化测量，所以必须对反压力 2 进行设定，如果对土样不加反压力，则在软件中设定反压力 2 值，一般设定为 0kPa。

4. 开排水阀，排水阀的方向是使土样中的孔隙水流入反压力 2 控制单元。

5. 清零和设定完毕，点击**开始试验**，此时各控制器按目标值进行控制，各控制器按计算机的要求回传给计算机，计算机自动记录 K0 试验过程中有关的数据。

6. 试验过程中，计算机自动显示径向应变与时间的关系曲线、围压、主应力差与时间的关系曲线、轴向应变与时间关系曲线。

7. 一旦试验条件满足结束条件时，计算机弹出一对话框，可选择是否结束试验。

试验 3　应力路径试验

【试验原理】

通过分别控制围压增量、主应力差增量值，按时间间隔逐级施加围压和主应力差，使土样在一定的应力路径下达到预定的应力状态。施加一级围压和主应力差，待加压时间到，即根据围压增量和主应力差的计算增量，加下一级围压和主应力差，直至土样达到预定的应力状态。

通过计算机设定围压增量 $\Delta\sigma_3$、主应力差增量值 Δ（$\sigma_1-\sigma_3$）、时间间隔（Z 增加时间），传输至各控制器进行应力路径试验。试验过程中，计算机荧屏实时显示有效应力 p/q、总应力 p/q、轴向变形与时间、孔隙水压力与时间等曲线。

【试验步骤】

1. 恢复初始应力状态，首先需要进行固结试验，确定土样在原位受力情况时周围压力的目标值、反压力和主应力差。按固结试验的步骤进行，土样的编号为同一种。

2. 在**试验方法**中选择应力路径试验，选择土样编号，选择试验结束条件和条件参数。

3. 启动三轴试验采集处理软件后，在**仪器状态**一栏中按各项目的［清零］键，对周围压力、孔隙压力、轴向位移、主应力差、反压力 2、土体排水量清零。

4. 如果进行排水剪切试验，则开启排水阀，排水阀的方向是使土样中的孔隙水流入反压力 2 控制单元中，并设定反压力 2 目标值为 0。如果进行不排水剪，则关闭排水阀。

5. 设定围压增量 $\Delta\sigma_3$、主应力差增量 Δ（$\sigma_1-\sigma_3$）（目标值可以为负值），Z 增加时间。

6. 清零和设定完毕，点击**开始试验**，此时各控制器按目标值进行控制，各控制器按计算机的要求回传给计算机，计算机自动记录应力路径试验过程中有关的数据。

7. 试验过程中，计算机自动显示总应力路径、有效应力、轴向应变与时间关系、孔隙压力与时间等曲线。

8. 一旦试验条件满足结束条件时，计算机弹出一对话框，请结束试验，如果不想结束试验，则关闭此对话框，计算机不再提示，直至重新设定结束参数；如果按是，则计算机自动停止各控制器，如果无暇顾及此提示，计算机在 2min 后自动停止各控制器。

试验 4　应力控制试验

【试验原理】

在围压保持不变的前提下，按时间间隔逐级施加主应力差（即主应力按一定的速度增加），达到一定的应力状态。试验过程中，计算机荧屏实时显示主应力差与时间的关系曲线、主应力差与轴向变形的关系曲线、轴向变形与时间的曲线、孔隙水压力与时间的关系曲线。

【试验步骤】

1. 恢复原来的应力状态，进行固结试验。根据土样在原位受力的周围压力、反压力和主应力差设定目标值。按固结试验的试验步骤进行，土样的编号为同一种。

2. 在**试验方法**中选择应力控制试验，选择土样编号，选择试验结束条件和条件参数。

3. 启动三轴试验采集处理软件后，在**仪器状态**一栏中按各项目的清零键，对周围压力、孔隙压力、轴向位移、主应力差、反压力 2、土体排水量清零。

4. 如果进行排水剪切试验，则开启排水阀，排水阀的方向是使土样中的孔隙水流入反压力 2 控制单元中，并设定反压力 2 目标值为 0。如果进行不排水剪，则关闭排水阀。

5. 设定围压 σ_3、主应力差增量 Δ（$\sigma_1-\sigma_3$）（目标值可以为负值），Z 增加时间。

6. 点击**开始试验**，此时各控制器按目标值进行控制，各控制器按计算机的要求回传给计算机，计算机自动记录应力控制试验过程中有关的数据。

7. 试验过程中，计算机自动显示主应力差与时间、主应力差与轴向变形、轴向变形与时间、孔隙水压力与时间等曲线。

8. 一旦试验条件满足结束条件时，计算机弹出一对话框，请结束试验，如果不想结束试验，则关闭此对话框，计算机不再提示，直至重新设定结束参数；如果按是，则计算机自动停止各控制器，如果无暇顾及此提示，计算机在 2min 后自动停止各控制器。

附录2　SLB－1型应力应变控制式三轴剪切渗透仪操作指南

【仪器简介】

SLB-1型应力应变控制式三轴剪切渗透试验仪（图附录2-1）可以对三轴试验进行等应力、等应变控制，可以进行UU、CU、CD试验、不等向固结、等向固结、反压力饱和、K0试验、应力路径试验和渗透试验。仪器各部分采用单片机控制，能够独立工作，且能与计算机数据交换，集中采集、处理数据。该仪器属于多功能柔性控制三轴试验仪。三轴试验数据采集软件同TFB-1。

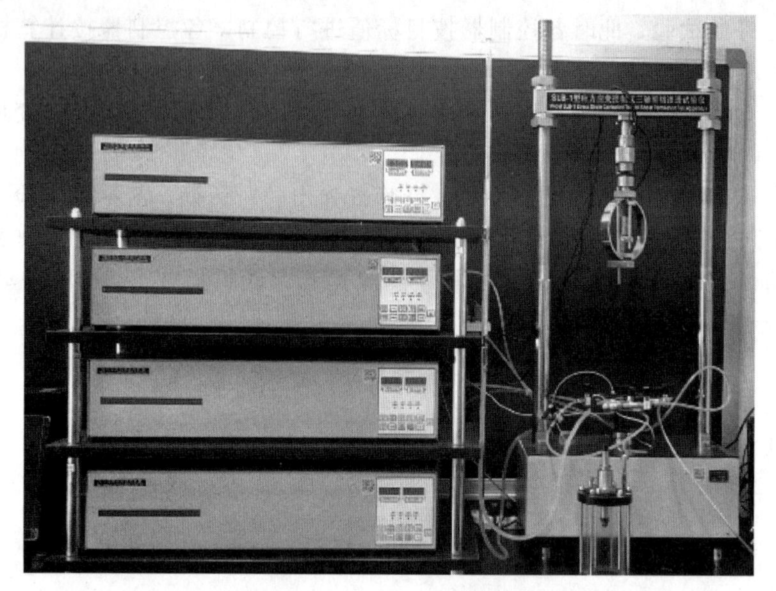

图附录2-1　SLB-1型应力应变控制式三轴剪切渗透仪

试验1　固结不排水剪切试验（CU试验）

【试验原理】

固结不排水剪切试验是通过恒定的周围压力、反压力施加至土样后，待土样固结完成后，以恒定的应变速率或恒定的主应力差对土样进行剪切（或压缩），测量土样的抗剪切破坏的能力（或蠕变性能）。

固结不排水剪切试验分两部分组成：固结试验和不排水剪切试验。

固结不排水剪切试验的参数设定可以通过PC机荧屏或控制器的键盘进行设定，设定目标周围压力、应变速率或主应力差，通过PC机荧屏上的各设定栏或控制器键盘对以上参数进行设定、启动、停止等控制，在PC机荧屏和控制器的显示屏读出实际的周围压力、孔隙水压力值、反压力值、主应力差以及土样体积变化。固结不排水剪切试验终止条件：(1) 最大轴向力达到设定值；(2) 最大应变量达到设定值；(3) 试验时间达到设定值。

【试验步骤】

1. 装样结束后，若不施加反压力，则关闭排水阀；如果施加反压力饱和，则使压力室的排水阀的管道与体变与反压力控制器的管路相通。

2. 将周围压力控制器和反压力控制器中的孔隙压力和周围压力清零以及反压力清零。手动的方式是按周围压力控制器上的**0.1MPa/孔压清零**键、**0.01MPa/围压清零**键对围压和孔压清零；按反压力控制器面板的**0.1MPa/反压清零**键对反压力清零；或用计算机软件清零（方法是启动三轴试验采集处理软件后，在**仪器状态**一栏中按各项目的[清零]键，对周围压力、孔隙压力、轴向位移、主应力差、反压力1、反压力2、上部流量清零）。

3. 由于采用反压力控制器进行体积变化测量，所以必须对反压力进行设定，如果对土样不加反压力，则在软件中设定反压力值，一般设定为0kPa。在进行固结试验前关闭排水阀，以便测量土样的饱和度。

4. 在**试验方法**中选择CU试验，选择土样编号，选择试验结束条件和条件参数。确定周围压力的目标值（范围0～1990）和应变速率（范围0.002～4）（单位：mm/min），以进行剪切试验，或设定主应力差进行压缩试验。

5. 清零和设定完毕，点击**开始试验**，软件自动启动围压控制器。

6. 待围压稳定后，计算机将围压的目标值传输给周围压力控制器并启动，计算机弹出对话框，确认是否启动剪切试验，此时您不必理会此提示框，待围压达到目标值后，稳定几分钟后，将轴向力控制器中的钢环变形量和轴向位移清零。手动的方式是按轴向力控制器上的**1mm/力值清零**键、**0.1mm/位移清零**键分别对钢环变形量和轴向位移清零，再按**OK**键。

7. 此时控制器按一定的应变速率（或主应力差）进行控制，各控制器按计算机的要求回传给计算机，计算机自动记录数据。

8. 试验过程中，计算机自动显示主应力差与轴向应变关系曲线、有效主应力比与轴向应变关系曲线、孔隙压力与轴向应变关系曲线以及轴向应变与时间关系曲线。

9. 一旦试验条件满足结束条件时，计算机弹出一对话框，请结束试验，如果不想结束试验，则关闭此对话框，计算机不再提示，直至重新设定结束参数；如果按YES，则计算机自动停止各控制器，如果无暇顾及此提示，计算机在2min后自动停止各控制器。如果按NO键，则计算机不再提示，直至重新设定结束参数。

试验 2　固结试验

【试验原理】

固结试验是通过恒定的周围压力、反压力以及恒定主应力差施加至土样，检测土样体积变化。固结试验的参数设定可以通过 PC 机荧屏或控制器的键盘进行设定，设定目标周围压力和反压力值以及主应力差，通过 PC 机荧屏上的各设定栏或控制器的键盘对以上参数进行设定、启动、停止等控制，在 PC 机荧屏和控制器的显示屏读出实际的周围压力、孔隙水压力值、反压力值、主应力差以及土样体积变化。试验开始后，PC 机荧屏显示周围压力、反压力和孔隙压力值与时间的关系曲线，并按固结试验记录数据的时间间隔记录数据。同时 PC 机荧屏显示孔隙压力值与时间的关系曲线，体积变化量与时间的关系曲线以及轴向应变与时间的关系曲线（该曲线用于土样蠕变试验）。固结试验终止条件：（1）孔隙压力达到设定值；（2）固结试验的固结时间达到设定值。

【试验步骤】

1. 装样，同三轴试验。装样结束后，若不施加反压力，则关闭排水阀；如果施加反压力饱和，则使压力室的排水阀的管道和体变与反压力控制器的管路相通。

2. 将周围压力控制器中的孔隙压力和周围压力清零以及反压力清零。手动的方式是按周围压力控制器上的 **0.1MPa/孔压清零**键、**0.01MPa/围压清零**键对围压和孔压清零；按反压力控制器面板的 **0.1MPa/反压清零**键对反压力清零；或用计算机软件清零（方法是启动三轴试验采集处理软件后，在**仪器状态**一栏中，点击各清零键对周围压力、孔隙压力、轴向位移、主应力差、反压力 1、反压力 2、上部流量清零）。由于采用体变测量与反压力控制器进行内排水量测量，所以必须对反压力 2 进行设定，如果对土样底部不加反压力，则在软件中设定反压力值 0kPa。**提高体积变化测量精度的关键是确定 1kPa 的临界点，具体的方法为利用反压力控制器出液键，将反压力值提高到 2kPa 以上，在反压力控制器上设定反压力值为 0kPa，按 启动/停 键后，控制器自动控制在 1kPa 上，再按 启动/停 键，使控制器停止，按 体变清零 键，使控制器体变显示窗上的数字为 0，不能将反压力值清零，然后转入固结试验或其它试验。**

3. 点击**试验方法**，在**试验方法**中选择固结试验，弹出下列界面（图附录 2-1）。在 土样编号选择 选择土样编号，选择结束条件，输入条件参数。

4. 设定周围压力的目标值（范围 0～1990）、反压力的目标值（范围 0～990）、主应力差。

5. 点击**开始试验**，计算机将围压的目标值传输给周围压力控制器并启动，计算机弹出下列对话框（图附录 2-2），如不启动主应力差控制，点击“NO”即可。

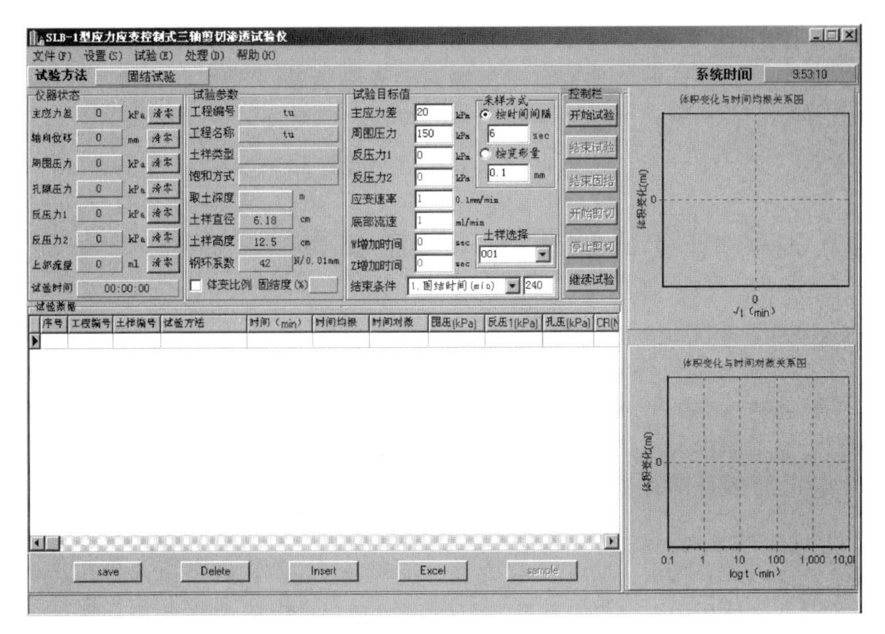

图附录 2-1

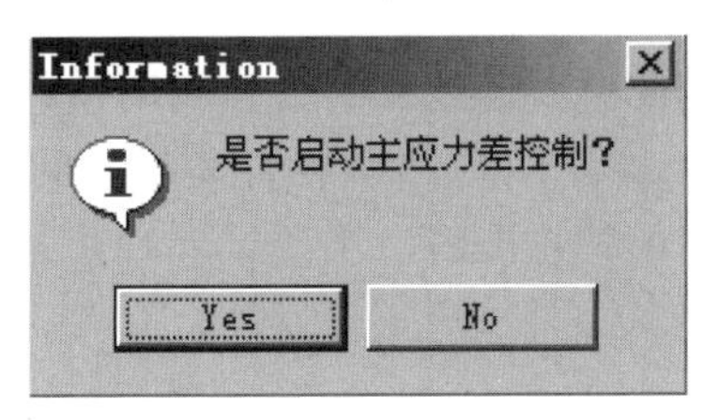

图附录 2-2

6. 接着弹出下列对话框（图附录 2-3）

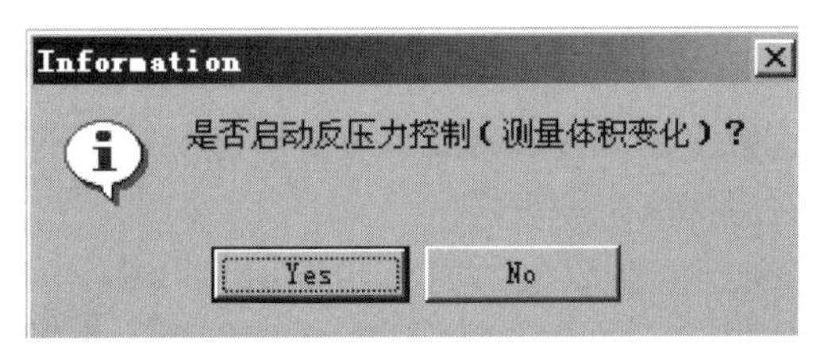

图附录 2-3

7. 确认是否启动反压力 1，此时可不必理会此提示框，待围压达到目标值后，稳定几分钟后，点击 Yes，计算机自动将反压力 1 的目标值发送至反压力控制器，反压力控制器按目标设定值控制，各控制器按计算机的要求回传给计算机，计算机实时显示数据。同时开启排水阀，将排水阀切换使排水管和反压力控制器相通，固结试验开始（土样的孔隙水流向反压力控制器），计算机自动计算出土样的固结度，并记录在数据表中。

8. 试验过程中，计算机自动显示固结排水量与时间平方根曲线、排水量与时间对数曲线、孔隙压力与时间对数曲线。

9. 一旦试验条件满足结束条件时，计算机弹出一对话框，请结束试验，如果不想结束试验，则关闭此对话框，计算机不再提示，直至重新设定结束参数；如果按 YES，则计算机自动停止各控制器，如果无暇顾及此提示，计算机在 2 分钟后自动停止各控制器。如果按 NO 键，则计算机不再提示，直至重新设定结束参数。

试验 3　渗透试验

【试验原理】

渗透试验是通过恒定的周围压力、主应力差施加至土样后，待土样固结完成后，以恒定的流速或恒定的水头对土样试验，测量土样在各种受力情况（即不同孔隙比）下的渗透系数。渗透试验分两种试验类型：恒流量渗透试验和恒水头渗透试验。

渗透试验的参数设定可以通过 PC 机荧屏和各控制器的键盘进行设定，选择试验方法后、确定土样的受力情况（设定主应力差、周围压力值），确定顶部水压力（反压力 1）、底部水压力（反压力 2）或底部流速后，可以通过 PC 机荧屏和控制器的键盘对以上参数进行设定、启动、停止等控制，在 PC 机荧屏和控制器的显示屏读出实际的周围压力、孔隙水压力值、反压力值、主应力差以及土样体积变化。试验开始后，PC 机荧屏的仪器状态一栏显示三轴试验所有的数据，选择**按时间**记录数据，计算机按时间间隔记录数据。同时 PC 机荧屏显示反压力 1、反压力 2 与时间的关系曲线、流量与时间的关系曲线以及轴向变形与时间的关系曲线。渗透试验终止条件：（1）最大流量达到设定值；（2）试验时间达到设定值。

【试验步骤】

1. 如果渗透试验前需要进行饱和试验、固结试验，可以参考饱和试验、固结试验的试验步骤进行，土样的编号为同一种。

2. 在试验方法中选择恒水头渗透试验或恒流量渗透试验，选择土样编号，选择试验结束条件和条件参数。恒水头渗透试验或恒流量渗透试验的不同在于前者可以在反压力 2 中设定压力，后者在底部流速中设定。

3. 确定固结试验时或土样在原位的受力情况时的周围压力的目标值（范围 0～1990）、反压力（范围 1～990）（单位：kPa）和主应力差。

4. 将轴向力控制器中的钢环变形量和轴向位移清零。手动的方式是按轴向力控制器上的 **1mm/力值清零**键、**0.1mm/位移清零**键分别对钢环变形量和轴向位移清零；或用计算机软件清零（方法是启动三轴试验采集处理软件后，在**仪器状态**一栏中按各项目的 清零 键，对周围压力、孔隙压力、轴向位移、主应力差、反压力 1、反压力 2、上部流量清零）。

5. 确定渗透方式。渗透方式有两种，一种为恒压渗透，另一种为恒速渗透。恒压渗透为土样的顶部和底部压力为一定值，在此前提下进行渗透，因此必须设定顶部压力（顶部压力即为反压力 1）和底部压力（底部压力即反压力 2），而且顶部压力必须小于

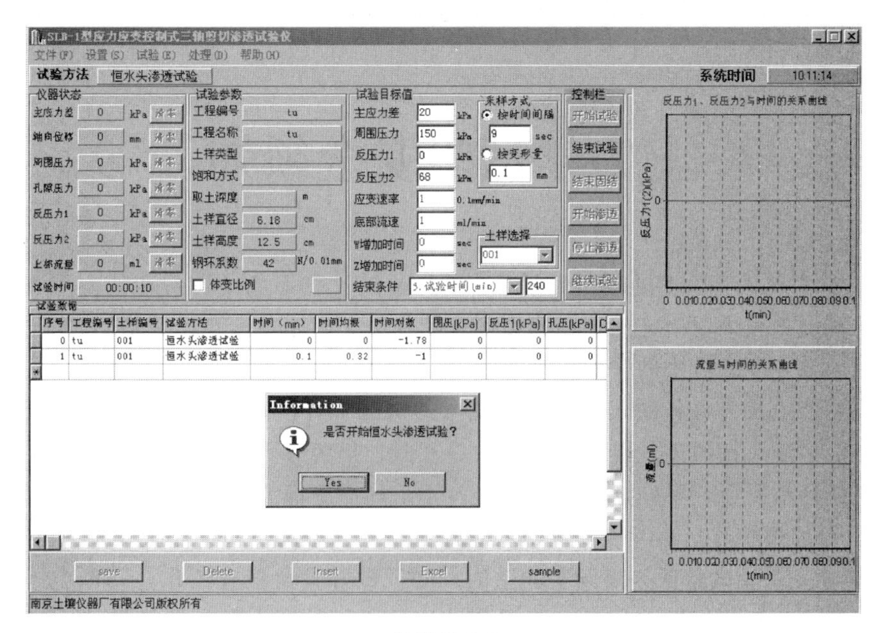

图附录 3-1

底部压力；恒速渗透时，顶部压力为一恒定压力，底部供水的速度为一定，当土样渗透的水变为层流状态时，底部压力变为一恒定压力。因此必须设定顶部压力（反压力）和底部流速。

6. 关排水阀。点击**开始试验**，软件自动启动围压控制器，计算机弹出对话框，确认是否启动渗透试验，此时可不必理会此提示框，待围压达到目标值后，稳定几分钟后，如果对土样施加主应力差时，在试验目标值一栏点击鼠标右键，启动主应力差，对土样施加压力。

7. 压力稳定后，打开排水阀，使土样的孔隙水流入反压力控制器 1 中，反压力控制器 2 的水流入土样底部，此时孔隙压力传感器的读数和反压力控制器的反压力值一致。

8. 在对话框中点击 **YES**，此时各控制器按设定的目标值控制，各控制器按计算机的要求回传给计算机，计算机自动记录渗透过程中有关的数据。

9. 试验过程中，计算机自动显示流量与时间的关系曲线、反压力 1、反压力 2 与时间的关系曲线以及轴向应变与时间关系曲线。

10. 一旦试验条件满足结束条件时，计算机弹出一对话框，请结束试验，如果不想结束试验，则关此对话框，计算机不再提示，直至重新设定结束参数；如果按 YES，则计算机自动停止各控制器，如果无暇顾及此提示，计算机在 2 分钟后自动停止各控制器。如果按 NO 键，则计算机不再提示，直至重新设定结束参数。

土力学试验安全须知

1. 学生进入实验室处理任何紧急事故的原则：在不危及自身和他人重大人身安全的情况下，采取措施保护国家财产少受损失。措施包括自已采取行动、报警、呼叫他人及专业人员协助采取行动。

在可能危及自身和他人重大人身安全的情况下，以采取保护自身和他人安全为重点。措施包括撤离危险现场、自救、互救、报警等。

在任何情况下，不顾他人人身安全，不采取措施都是不道德的。

2. 参加试验时，不能穿拖鞋、衣着穿戴整齐、严肃，女生应把长发束好。

3. 学生完成试验任务离开实验室时，必须做好安全检查工作，切断电、气源和关好门窗，收藏好贵重物品，有报警装置的必须接通电源，注意防盗。离开实验室前关好水龙头及检查可能引起水患的地方，预防水患及雨淋对仪器设备造成的损坏。

4. 为防止短路和因短路而发生火灾，必须严格执行电气安装维修规程，严禁私拉各类电线。实验室内不允许用电炉烧水、做饭等，生活用品不能带入实验室。

不准在实验室、库房、资料室内抽烟；烟头、火种不能乱丢。

5. 试验过程必须保持桌面和地板的清洁和整齐，与正在进行试验无关的药品、仪器和杂物不要放在试验桌面上。实验室里的一切物品务必分类整齐摆放。

6. 未经实验室安全卫生负责人同意，不能擅自配实验室门匙，违者给予公开批评，并担负今后由此发生的安全保卫责任。

7. 熟悉在紧急情况下的逃离路线和紧急疏散方法，清楚灭火器材、安全淋浴间、眼睛冲洗器的位置。铭记急救电话。